Change

成為槳，
這就出發遠島！

黑潮島航

一群海人的藍色曠野巡禮

吳明益、張卉君等｜著
黑潮海洋文教基金會｜策劃

目錄

黑潮島航 round 1
0530-0610

黑潮島航 round 2
0627-0627

黑潮島航 round 0717-0718

3

前言

偉大的航道就在眼前

張卉君——文

我不止一次聽起「黑潮」夥伴們提起二〇〇三年「遶島」的故事。

曾經參與過的人——不論是海上航行的還是陸上支援的，談起那一年的經驗總夾帶著一種炫耀式的抱怨：當時住在船上集體生活多麼辛苦，航行到某個港口被海巡刁難的時候多麼生氣，暈船嚴重的時候都看不到陸地有多絕望……但在那些不斷被重複敘述的片段中，我聽到的是一種回味無窮的餘韻，是渴望重返桃花源卻找不到入口的遺憾，是人生中排名前三項難忘的奇異經驗，這些人更像是曾被海神召喚過的水手，再也抹不去滲進靈魂裡的鹽粒。

於是從我二〇〇五年加入「黑潮」迄今的十多年裡，「遶島」成了一則既悠遠又餘韻無窮的傳說；身為海上解說員，儘管長年在海上尋鯨，置身於東岸太平洋豐美的懷抱，但那些曾經見過島嶼周圍海域的眼睛，總多了一點驕傲和悵然，如同離了龍宮的鮫人，附在肌膚上的鱗片微微乾渴：在二〇〇三年遶島之後，陸上「黑潮」已經許久沒有湧向島嶼東岸以外的海了。

潮是科學，黑是詩

我們是位於島嶼東岸、太平洋西岸的黑潮海洋文教基金會，在一九九八年由一群熱愛海洋、著迷於鯨豚的超級粉絲們組成。由於組織全名實在是太長了，我們常被簡稱為「黑潮」，靈感來自於終年流經臺灣帶來豐富漁汛的北赤道洋流。這群海洋的超級粉絲團裡有作家、學者及鯨類的研究人員，從體制內出走的教師，渴望海洋靈光的書寫者創作者記錄者，以及各種純粹嚮往海洋的靈魂……來自多元背景的成員構成了「黑潮人」的模樣，二十年來不斷流動且開放地聚合著，如同潮界線一樣隨著海流逸入逸出，卻始終保持著和海上「黑潮」一樣「溫暖」、「清澈」、「堅定」的組織體質。

「潮是科學，黑是詩。」作家吳明益曾這樣形容陸上「黑潮」。

我認為這幾個字精準地掌握了陸上「黑潮」既富有科學精神，又蘊含人文關懷的特質，如同大藍海洋斑斕交錯的海流，「黑潮人」各具風采又蔚然連篇，如同被海洋召喚而來的各方水手，從對大海好奇、探索，到觀察、記錄、系統式的調查，開始更加著迷、耽溺，那份痴愛讓「黑潮人」頻頻向陸上的朋友布道，多年來持續不斷的海上航行，源於被鯨豚的神祕所牽引的「海域生態調查」；為了吸引更多人走向海，我們發展了各種強調自然體驗的「海洋環境教育」；還有那些陸地帶來的傷痕呢！持續追索海洋受傷的複雜成因，只為強而有力地傳達給人們，因而有了立場溫和而堅定的「環境議題倡議」。

其實只需稍稍窺見這群海洋狂熱分子的樣貌，應該就不難理解為什麼「黑潮人」看似隨興直率溫和，但只要一談海就能瞬間引燃狂熱，那瞳仁裡閃動的火光，純粹是真愛。

島航計畫

於是，「島航」這個計畫就在「黑潮」二十歲時成形了。

距離十五年前的「遶島」，我們身邊的海域和地景發生了什麼樣的變化？湛藍水面之下是鯨豚及各種海洋生物的家，當陸域的過度開發、空氣汙染、垃圾和缺乏管制的漁撈行為造成海中生態系統的崩毀；棲地喪失、誤捕混獲使野外族群的存續受到威脅，甚至面臨滅絕的危機——「海好嗎？」對於臺灣周遭「藍色國土」現況的擔憂與焦慮，就這樣伴隨著十多年來如影隨形的「遶島」傳說，讓「黑潮人」決定順應來自海洋的深切召喚，再一次策劃了島嶼航行的壯遊行動。

在二〇一八年的「島航計畫」中，我們以海洋生態指標性物種「鯨豚」為主體，設定「海洋廢棄物及塑膠微粒」、「水下聲音及噪音」、「海水溶氧量」三大項檢測重點，作為掌握海洋健康狀況的三大指標，在重要河川出海口及開放性水域等相對平均距離選定五十一個檢測點進行科學調查與記錄。駕著十五年前遶島的老夥伴「多羅滿號」從花蓮港出發，逆時針遶行臺灣海域一圈，並擴及澎湖、小琉球、蘭嶼等離島海域範圍，在二〇一八年5月30日至6月10日之間完成了第一階段的「島航」行動。

海上的航行不比陸地，風、流、湧及浪況等各種因素關係著航行的安全，也決定著航程的命運。原訂6月1日出航的前三天，海上一道鋒面南下的消息讓團隊立刻決定提前於5月30日起錨，直接從花蓮漁港航向基隆八斗子漁港，接著停靠到桃園永安漁港避風兩日，到6月3日再度啟航；而後在6月9日原訂從屏東後壁湖漁港出發到蘭嶼的航段，也在另一波熱帶低氣壓及西南氣流的威脅下，中途從外海折返到臺東成功漁港，全員於6月10日平安返回花蓮漁港。

第一階段「島航」返回花蓮之後，部分人員再次於6月27日前往蘭嶼進行全島海域的調查，是為第二階段「島航」任務；另外考慮到航程順暢及安全性，放在第三階段針對中部海域的補充調查，則是在7月17日至7月18日於當地租船進行，終於在

7月18日嘉義八掌溪外海，完成了島航計畫的五十一個檢測點調查，完整建立了臺灣第一筆藍色國土初探觀察紀錄。

海上航行必須保持高度的彈性，也考驗著「黑潮」團隊的默契和應變能力。

隨著氣候變化調整每一天啟航的時間和靠港日程，因此原訂全程參與的作家吳明益和畫家王傑，都因為航期臨時變動而錯過了幾個航段；其他受邀分段上船的創作者和在地環保團體、甚至船上任務編派的工作夥伴也都因此無法參與，每天船上的參與人員都需隨機調整、重組，相互補位。透過船上成員們每日輪流撰寫的航海日誌，我們留下了每個人在「島航」中對海洋、地景或夥伴們的觀察與記錄。

集體的意志

自此，我們開展了另一段與島嶼、與海洋、與夥伴之間的故事。

在這趟充滿冒險、未知和各種變數的航行計畫成形之前，我們諮詢了各個領域的專家學者，確立三項檢測項目的研究現況，收集最新的學術資訊以確保調查的科學性及可信度；航程中多項物資和專業檢測器材如衛星標定儀器、水下錄音設備、溶氧檢測及鹽溫儀等實驗室器材，也來自各方學界商借，甚至遠從日本跨洋而來。透過企業及民眾募款、公部門計畫經費部分支持和各種友情贊助，我們籌措了足額的研究資金；最重要的是在有船、有經費、有器材、有技術之後，還要有一群專業的研究者、創作者、記錄者、熱血志工們願意拋下工作家庭及一切顧慮，空出十六天的航行時間給「島航」：每位參與在航程中的夥伴都被賦予重要的工作角色，在有限的船隻空間裡，每一個人力都必須有效率的運用，各自在工作中互相協助、彼此支援並隨時補位。活動期間最辛苦的莫過於開著後勤車，跟著船隻遶島的地勤工作組——所有船上的、陸上的參與夥伴構成了這趟偉大的航程，這是集體意志共同堆聚出的強烈動能，源於對海的愛和夥伴之間的信任。

「這根本就是《海賊王》漫畫的情節嘛！」忘了是誰曾經這樣說，我們哈哈大笑。可不是嗎？前方就是生命的起源、深藍國度的大門，海洋從未向人設限，始終等待著我們投入她的懷中——如果你也準備好了，就和「黑潮」一起「成為槳」，向偉大的航道出發吧！

特別感謝：

柯金源導演、邵廣昭教授、黃向文教授、孟培傑教授、林子皓研究員、江偉全博士提供專業及學術研究的諮詢；童子賢先生、曾乾瑜先生、葉青華女士對計畫執行的協助及支持；還有溫柔陪產島航計畫的玉萍、泰迪、佩馨、玿伶、昌鴻以及情義相挺到底的林振利大哥。

——獻給所有心繫海洋，以各種形式一同航行的你們。

花蓮 多羅滿 賞鯨
BEY ND THE BLUE
海好嗎

啟航日眾人一起成為槳送行。

插畫

品嚐所有的藍色

王傑——文．圖

「『黑潮』的船算是把我硬生生地由陸地拖向大海，讓天地蒼穹在我面前不住地搬演著各式的色彩變化，並且逼著我全畫出來，我的雙眼像是飢渴的獸吞噬著海同時洋吞噬著天，在海上我與強風爭奪畫紙，與狂放的浪花爭執色彩，船長在海圖上走過的經緯是我筆下倉皇的時間。

我跳入水中，在海拔零的位置品嚐所有的藍色，那是地球瞳孔的顏色，也是這個世界脈搏的色調，白雲走過，一如海風與熱帶氣旋的姿態，在海的彼端張揚地升起。」

——王傑，《海的未來不是夢》

出身基隆的王傑老師受邀為「島航」隨船畫家，也許是有海洋基因，竟不曾暈船，時時速描著船上的人、海上的景，粉絲頁收錄「島航」那些色彩斑斕的瞬間神韻，讓人著迷。

FB—王傑的繪畫天堂

Captain. 2018.6.4.

2018.6.6.

uno de los investigadores
de este viaje.
2018.05.06.
11:20.

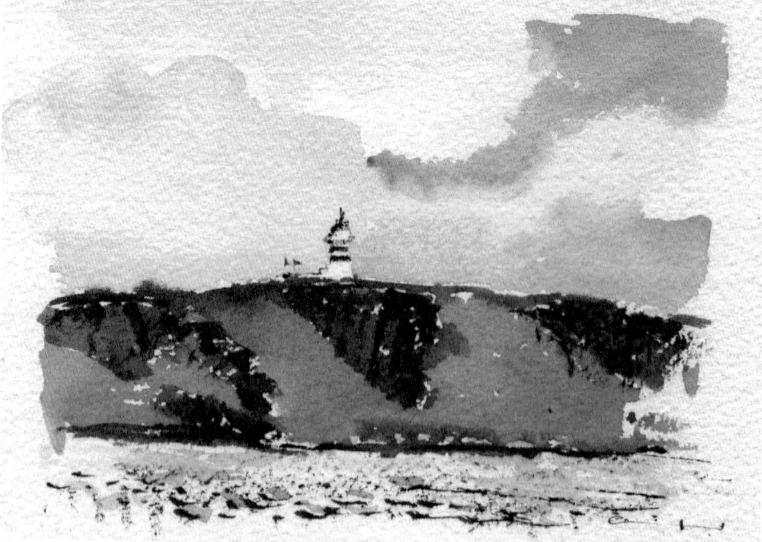

Frente a la costa de Chai Shan, 柴山,
Monte de Leña. Kaohsiung. 2008.05.08. 06:56.

Isloste mado que se encuentro delante
el otro que se llama eslototo hontega. �-18-06-08.

Lau Ⅲ
la isla bontea
-18-07-08;

Momento serio durante
el ritmo de la planificación
de la navegación.

海好嗎？

How are you doing,
my dear ocean?

宜蘭外海．龜山島

花蓮多羅滿
TEL:8333821
多羅滿
CT2-6322

• 黑潮島航 round 1

05/30

啟航 花蓮漁港↓

抵港 基隆八斗子漁港

啟航・花蓮→八斗子・越過經驗的邊界

張卉君——文

非常的日常

一直到船繩解開，船身後退著離開碼頭，岸上送行的「黑友」們身影越來越遠、「成為槳，出發！」的口號喊到快聽不見，我才驚覺「島航計畫」真的啟程了。

這一天，我們起得比太陽還要早，凌晨微光中夥伴們的身影排成一列，依序從「黑潮」辦公室接力著搬運器材上車，準備載運到港口，再以同樣的方式搬上停靠在碼頭邊的多羅滿號（它是一艘超過二十歲的娛樂漁船，我們暱稱它叫『小多』，接下來幾天我們海上的家，也是陪伴著我們破浪的夥伴）。

船上的空間是有限的，在航程中擔任行政規劃的夥伴世潔、大萱早在出發前幾個月就仔細地將船隻樓層的空間平面圖量測繪製出來，為了是要估算每日乘載的人數和物件該如何配置：研究器材多為易碎玻璃罐，放置在一樓船艙內，為避免船隻搖晃時碰撞碎裂，研究員珮珍（小八）運用收納衣物的塑膠格片，將樣本罐一瓶瓶固定在籃子裡；相機、DV等攝影器材怕碰撞也怕海水潑濕，因此也同樣收在一樓船艙內，靠著透明門邊並排放著；船上人員的簡便行李放置在艙底——「小多」的肚腹曾是二〇〇三年遶島時船上成員休息的寢艙，在這次的航程中則將食用水、乾糧及罐頭等物資、睡袋、繩索、救生衣及一輛供船上人員靠岸時代步的摺疊腳踏車，都收在此備用。

在有限的時間和航行安全等考量，我們的航行計畫盡量分配一日航程在七至八小時

上：洪亮在出港的航道持香祝禱此行平安。下：金磊在海上進行攝影工作。

上：航行中船側觀察。下：二樓船艙工作休息區。

之間，為了避免航程中發生不可控制的因素造成任何意外，船長通常寧願在黑暗中出發，也好過摸黑進港。所以航程中有時早餐和午餐都在船上解決，船上的食物如何準備也是一個重要的關鍵，既要考慮能止飢有飽足感，能補充水分與鹽分，又要便於攜帶不易腐壞，在分裝上同時需要避免過多包裝和一次性的塑膠袋等垃圾，因此負責採購每日船上物資的地勤夥伴在船上的冰桶裡放了新鮮的水果（可直接食用的蘋果、奇異果、芭樂、香蕉等為主）、蘇打餅乾及牛奶花生、八寶粥等罐頭，加上出發前許多關心的朋友也送來了桶裝綜合堅果、巧克力條和洋芋片、肉乾等迅速補充熱量的隨船物資；代理西班牙食物袋的「自備客」則提供多款食物袋，讓多日的航程避免一次性塑膠袋的使用，又有玻璃保鮮盒之外的分裝好選擇。

安頓好船上空間，大家各司其職地穿梭在熟悉的「小多」各層空間：負責領航責任重大的文龍船長在二樓駕駛艙謹慎檢查各項儀器，擁有船員身分並參與過二〇〇三年「小多」遶島的資深解說員惠芳從容不迫地上下船隻各層，協助檢查船艙油、水和各個空間的秩序。平時載客的一樓船艙木條椅座位區架上一張大方桌，成為船上工作會議、簡單烹煮咖啡和暫置電腦、攝影機等器材的工作平臺；這趟主要的科學檢測操作區域則設置在船隻後方，研究員小八在船尾分配指揮著 Manta 網、溶氧測瓶、水下錄音等各項器材的操作。受邀上船協助航程影像記錄的攝影師Zola、金磊早已開機抓取畫面，他們既是航程中的一部分，又常跳出船外拍下故事的整個場景，同步在記錄的還有公視《我們的島》資深攝影師陳慶鍾（小鍾哥）及紀錄片導演簡毓群，他們各自專注在鏡頭的細節裡，小心地避免干擾彼此的敘事。

青藍色的島航旗溫柔又神采奕奕地張開，四個繩角繫在二樓甲板欄杆上，它精神抖擻地宣示著這一趟航程的意義——在港內初升的光線照射中，水面安靜波光瀲瀲，我抬頭望著這一幕：船隻兩側和頂棚張上島航旗的「小多」顯得特別隆重，彷彿出征前披戴盔甲的武士，散發出平靜果敢的堅毅。「我準備好了！」「小多」對我說。它帥氣的前甲板掛上了一串豔紅的朝天椒，是「黑友」慧娟臨時買來以鐵絲串成一圈，據說是某個南美洲民族祈晴用的偏方。而老討海人、文龍船長的爸爸「溪伯」早已準備好金香，在眾人虔心祝禱之下為這趟特別的旅程向海神祈福：溪伯站在「小多」船頭低頭斂眉喃喃說著話，手中一把清香煙霧繚繞，混合著港區內熟悉的淡淡鹹腥海味，儀式令一切日常顯得莊嚴而盛大，區隔出日常之外的非常，也形構了出航的輪廓。

上：「小多」船頭的祈晴辣椒。下：飄揚在海上的島航旗。

船隻平穩地駛出東堤。

飛旋海豚

幅員遼闊的花蓮港是兼具運輸、觀光、漁業等多功能的國際港，同時也扮演著島嶼東岸、太平洋西岸重要的對外出入口。港區航道中常見大型運輸貨輪，往來宜蘭花蓮的交通船「麗娜輪」，從事近岸漁業的中小型漁船和噴著舷外機的膠筏，滿載遊客的賞鯨娛樂漁船等各式船隻並行出入的場景。不論船隻大小停泊在港區的哪個碼頭，一旦要出航離開花蓮港，就必得緩速駛過這個長長的東堤航道。而為了避免船隻行駛在封閉的航道間交錯時，因船尾浪波及堤岸造成回射浪，造成船體劇烈的搖晃，在航道內船隻緩速航行，交錯時降速減震是航海的基本禮儀。

花蓮港的賞鯨產業發展了二十多年，每年上千個賞鯨航班從這個港口出發，也都是經過這道長長的東堤航道，出港後以紅燈塔為中心，往北、往東或往南，在十二海浬以內的範圍航行。這趟「島航」船上邀集的工作夥伴，多是具有一定航行經驗的

鯨豚解說員們，大夥各自站在「小多」一、二樓層的甲板上，望著日日出海熟悉的航道風光，東堤盡頭的紅燈塔再次目送著我們離去。只是這趟出航，「小多」不會像平時一樣在兩小時後返港，而是在跨越港嘴線之後一路往北航行；而透過望遠鏡，我們在潮界線上搜尋的目標不再是鯨豚的背鰭，而是海漂垃圾與海洋汙染——這一次的航行目的與觀察標的與過去任何一趟航班都不一樣，我緊緊捏著手上那把將要燒盡的清香低頭默禱，知道自己即將經驗一趟從未見過的海上風景。

出港後船隻一路往北航行，海上南風順航。

為了避開原訂出發日（6月1日）隨著熱帶高壓氣流帶來的南下鋒面，我們在船長的建議之下提前兩日出航，希望能趕在鋒面影響航行之前搶一些時間，讓船隻可以在風浪較平穩的狀況下繞過島嶼的最北端，順利抵達西部。因此這一天海面平穩，地景隨著船行移動而變化，熟悉的清水斷崖就在眼前，山頂戴著白雲帽的立霧山、千里眼山、清水山是一路迤邐向北的思念輪廓，這一段海域幾乎是賞鯨船最遠抵達的北界，也是我們深愛的解說夥伴律清長眠之處。每當「日出清水航班」船行至此，總想起她說大小清水兩個三角錐，就像兩枚三角飯糰，在清晨出海相見，令人特別想吃。望向大山腰間依稀可辨的蘇花古道，想像著她站在崖邊望著海上的「小多」，揮手微笑相望的身影。

「十一點！飛旋！」站在「小多」三樓瞭望臺的解說員湯湯，激動喊出了海上背鰭的方位，駕駛艙的文龍船長是素有「人體萊卡望遠鏡」之稱的千里眼，想必是早就發現了海面上的動靜。船隻左右側開始浮現了一群群海豚的身影，尖尖的嘴喙、三角形背鰭和清晰的三層體色，加上躍出水面以身體中心為縱軸高速旋轉的招牌動作，是花蓮海域熟悉的老鄰居「飛旋海豚」（*Stenella longirostris*）好奇地現身跟隨著「小多」，牠們趨近船頭，隨著船頭浪高速飆船，在清澈的水影之中微微側身眼睛仰視著我們，彷彿在問「嘿，你們今天要去哪裡啊？」「小多」被近百隻的飛旋海豚輕快活潑的隊形所包圍了，而更往北離岸不到一千米的和仁外海，是前不久才和大翅鯨媽媽寶寶邂逅的座標——這一片「黑潮」航行了二十多年的花蓮海域，每個解說員們的腦中各有張密密麻麻的鯨豚海圖，每一次與鯨豚朋友的相遇都是一段故事的開啟，勾起心中絮絮叨叨的回憶。

飛旋海豚（*Stenella longirostris*）。

不過今天的目標並非拜訪鯨豚朋友，雖然船上夥伴仍快速聚集在船頭，反射性地扛起長鏡頭搶拍下幾片背鰭和浪花，但「小多」並沒有因為與老朋友的相遇而停下腳步或轉向。「這趟有更重要的任務！」大夥目光戀戀不捨地與船尾浪中穿梭跳躍的飛旋海豚族群默默告別，那美麗彷佛是一份送行的祝福禮物，也像是一份深重的提醒：過去人們帶著巨大的未知探索這片鯨豚生活的海域，時間的長河則不停地將日新月異的人造痕跡排流向海，高度發展快速淘汰的生活遺跡經由河道漂流在海域之中，帶著毒素的血液注入了洄游性魚苗和浮游生物聚集的河海交界，魚與鯨則在層層的食物鏈中攝入累加的汙染，再透過捕撈行為回到陸域餐桌，進到人體之中——自然界的循環互為因果，但人類很晚才意識到身為自然界中的一個物種，我們對生態平衡的毀壞正在加速自身的滅亡。

為了掌握、控制人類發展對生態系的影響，並預防大規模生態崩解造成物種的滅絕，聯合國及全球科學家在近六十年，開始系統性地建立各種動植物的清單與資料庫，其中最具代表性的是世界自然保育聯盟（International Union for Conservation of Nature，簡稱ＩＵＣＮ）在一九六四年發布的《瀕危物種紅皮書》。這份名錄不僅記錄了各類物種及其生態地位清單，同時也提供世界各國在生物多樣性保護及制定生態政策的重要依據。透過追蹤、研究各個「指標性物種」的存續狀況，科學家得以觀察生態系統在當前環境下承受的壓力，並適時發出警訊。

海洋哺乳類動物位居海洋食物鏈中的高階攝食者，鯨類的食物來源以魚蝦貝類及浮游生物為主，鯨豚族群量與海洋的健康程度息息相關，因此向來被視為海洋生物中的指標性物種。根據調查，臺灣海域曾被目擊記錄的鯨豚種類約有二十七種，占全球種類的三分之一左右，其中除了體型較小的齒鯨，如常見的海豚科飛旋海豚、花紋海豚、熱帶斑海豚、瓶鼻海豚之外，也不乏大型鯨如抹香鯨、虎鯨、大翅鯨、大村鯨等洄游路徑較遠的鯨豚種類出沒，可以推測臺灣周遭海域仍有隨著黑潮帶來的洄游性魚類等食源吸引著這些鯨豚來攝食。

也正因為臺灣位處太平洋西岸，除了鯨豚之外，同時也是許多國際間罕見的大洋型洄游性魚類如鯨鯊、巨口鯊出沒的生態熱點，這片海島周圍的「藍色國土」現況如何？對於這些海洋生物來說是否也是願意持續居留、休息的「理想家園」，就是我們在這趟航程中所要追索的重要問題。

最後一隻飛旋海豚的身影沒入湛藍的深海中，我舔了一口飛濺脣邊的浪，想起了我們和鯨在遠古時代的演化過程中，也許嚐過一樣滋味的鹽，先是源自土地，然後隱入海中。

越過經驗的邊界

「過了和仁，是不常航行的海。蘇花公路的痕跡，南澳的神祕海灘、東澳的粉鳥林、烏石港、南方澳、蘭陽博物館……我們辨識著島嶼肌理，不由地圖。那岩石的紋路令夥伴讚嘆；礦場的鑿痕，也吸引我們目光。南方澳的小灣，我們曾在這垂釣，海上船隻往來也增多，看來多是底拖作業的漁船，海上漂浮的垃圾帶也增加，大海的膿瘡，早已不是偶爾一見。」

——夏尊湯，《航海日誌》

順著島嶼邊緣航行，我們一吋吋跨越了過去經驗的邊界。

逆時針航行向北，從海上翻轉視野回望陸地，從東部斷層海岸岩壁崩崖陡直高聳出海面的參天氣勢，慢慢繞過峽灣地形，迎來了島嶼最東點的三貂角，它是雪山山脈極北端與海相連的所在，不僅在地質上作為東部斷層海岸與北部沉降海岸的交界，在海域方面亦是東海與太平洋的分界點。突出海域的鼻岬地形往往是海流交會之處，航行時船長總會放慢船速，為了減少船隻的搖晃，辨識著波形切浪操船。隨著船頭方向的轉移，我們得以全方位地仰望岬角邊上那座標高一六點五公尺黑色圓頂、白色柱身的三貂角燈塔，從日治時期開始它便守望在島的最東端，成為海上船隻航行到東部海域的重要座標，在夜裡的海，那束燈光暗示著日出的方向。

過了島嶼最東端之後，東北角岬灣海岸瑰麗奇特的海蝕、海階地形便迎面迤邐開展而來，這裡的地質有別於東部斷層海岸，海濱斜切地層走向，岬灣鋸齒狀錯落分布，海蝕平臺上偶有人跡，而突出於海面的零星礁岩上總有本領高強的磯釣客，與船行而過的我們視線交會。在屏氣凝神讚嘆大地的鬼斧神工之餘，海面上陸續漂現的零星垃圾同時衝擊著我們的目光。

從花蓮出發到基隆八斗子這一段航程約莫六十海浬，預計航行時數就要八小時。其中預計的測點從南方澳開始，依序是內埤、頭城、龍洞、深澳、潮境，每個測點檢測項目包含水質溶氧、塑膠微粒和水下聲音錄製，每一個測點進行三項研究共約需三十分鐘左右的工作時間。而與海洋大學研究團隊合作的是海漂垃圾目視調查，則是在航程中隨機記錄。船行至頭城外海之後，海面上的漂流垃圾量明顯增多，有些甚至是成群漂流在潮界線上，無法計算的垃圾聚集熱點，於是我們也保留隨機測點採樣的彈性。

超過三小時以上長時間在海上航行，並不是我們日常的經驗，船上多位解說員雖然有平日在海上觀察鯨豚的歷練，但「島航」每一天的航行時間和距離都是賞鯨船一趟往返的三至四倍，加上每一個測點的研究工作都在船尾進行，機油味相對明顯；塑膠微粒撈取後沖洗、裝罐、標記的過程繁瑣而精細，在船隻怠速的狀態下海面搖晃感最為劇烈，在各種嚴苛的環境條件之下，對大夥的體力與意志力是極大的考驗。

「你們都不會暈船嗎？」其實這幾乎是聽說過島航計畫的朋友，最常冒出的疑問。確實每當我們分享海洋經驗的美好、海上遭遇的生物和景色多麼難得，總讓大夥心生嚮往，但一提到「搭船」，直接聯想到暈船而產生畏懼感，揮揮手說不敢嘗試的

上：基隆外海遠望基隆嶼。中、下：海漂垃圾。

上：塑膠微粒拖網（Manta trawl）在海面拖行中。
中：基隆潮境收集到的海水樣本。下：溶氧檢測。

朋友真的是普遍反應。根據某些研究調查發現，描述因搖擺、顛簸、旋轉所致的各種不適症狀，統稱為「動暈症」，主因可能來自身體不同部位傳遞給大腦的「運動訊息」有衝突。

解說員子恒本身是慈濟醫院的急診科醫師，在這趟航程中擔任船醫的角色，他告訴我們大腦對人體運動狀態的評估主要是靠前庭系統、體感以及視覺三種感知，當人「主動運動」時，來自三方的運動訊息通常是一致的；但當「被動運動」時，這三種感知反饋給大腦的訊息就可能出現衝突，進而引發動暈症。醫學界普遍認為，前庭系統過度敏感、空間認知能力比較好的人一般較容易有「動暈症」，而另一個有趣的研究則指出，其實每個人或多或少都有動暈的症狀，甚至在各種交通工具的比較上，暈車的人比例相較於暈船的人還要高出13%。

當然這樣的研究數據可能提供了一些鼓勵，卻無法消除恐懼，一旦體驗過海上暈船那種生不如死的經驗，多數人就對海洋望之卻步了——幸好在醫學發達的現代，總有新的藥物可以輔助減緩海上症狀的不適，尤其在如操兵一般的調查航程中，每個人身上都承擔著一定重量的工作任務，因此這次的航行也有暈船藥金剛護體，讓我們在蛻去烈日灼燒海風浸潤的人皮之際，還能保有對各種海上狀況應對的清醒判斷力。

首航之日最後一網，結束在八斗子港外海的潮境測點，從海水表層打撈上來滿載的垃圾散發出比嘔吐物更難聞的氣味。每一瓶撈上來裝罐後的樣本都在記錄後，輪流傳遞在大夥的手中，迎著夕陽微光細細觀察分辨，那罐中的微觀世界如同隨機抽取的海洋血液樣本，我們好奇地向內張望，像是在過去經驗的邊界中滲出的毛邊。

進港時間已是傍晚五點，盤點一下器材和人員，沒有人員損傷，每個測點都撈到了樣本，相機DV畫面沒有遺漏，除了出港之際折損了一架空拍機之外。

黑潮島航 round 1

05/31

啟航　基隆八斗子漁港 ↓

抵港　桃園永安漁港

船・八斗子→永安・意外的守護者

張卉君——文

船

海洋占地球面積的70％，她隔絕了全球洲際大陸與島嶼，同時也連結了它們。如果說，船舶是陸地意志的延伸、是人類跨越陸地的憑藉、是陸界生命與物種延續的機會，應該並不誇張。

隨著人類的發展，船舶的歷史也不停在推進，按用途、材料、構造和動力等而有各種差異，日新月異的造船技術也揭開了全球各國的權力爭霸戰，在地理探索及科學技術的發展上開創新的版圖，航運的發達讓各國的文化和發明相互流通，同時帶動了經濟貿易及人口遷徙的移動。早在十五世紀的大航海時代，遠洋航行的冒險故事、海上各種生物與海象的遭遇，以及關於新大陸和地圓說的新發現，便一再衝擊著陸域人們對世界的認知。如果沒有船舶的發明，也許人類文明發展的速度會落後好幾個世紀。

曾在海上航行過的人都一定深愛著他們的船，即便每艘船都有它的個性和局限。挪威作家摩頓・史托克奈斯（Morten A. Strøksnes）在《四百歲的睡鯊與深藍色的節奏》（*Havboka*）中描寫了他與好友雨果規劃一趟捕鯊計畫的故事，其中一段對雨果家族擁有各類船隻的描述：「在雨果的口吻中，這些船隻聽起來是那樣充滿善意、能幹、勤奮、美好；或是有點古怪，久經風霜，也許還有點不誠實。他談到大多數的船隻時，口吻都充滿著憐愛之意。」當我讀到這段敘述時充滿了同感，這正是我們在海上提到「大多」、「小多」時的心情；同時，也讓我回憶起了文龍船長的爸爸溪伯的「金發漁號」。

「金發漁號」是一艘十五噸左右的漁船，某次為了記錄花蓮沿近海漁法實況，當年還不算認識海的我，跟著溪伯上了金發漁號。漁船的空間不比賞鯨船，尖尖的船頭上架著鏢臺，甲板下是冷藏艙，駕駛艙外的空間用以置延繩釣的漁具、桶餌和浮標，那趟主要目標是曼波魚。只記得朗朗晴空下，前三個小時我還能興奮地爬上二樓駕駛座遙望遼闊海面，等待著曼波魚的胸鰭天真地浮出水表，突然發現金發漁號上沒有廁所空間。也許是過去海上工作的多半是男性，內急時直接站著面向海小便，若大解則靠近船尾的小洞，完事後用海水沖洗。當時第一次踏上金發漁號的我因此有了漁船上排泄的初體驗，用雨傘擋著蹲下，感覺自己的腸道系統及呼吸和金發漁號的甲板晃動頻率融為一體；接下來的三個小時，我幾乎都是躺在金發漁號的前甲板上昏天黑地，玻璃纖維的甲板透著半透明的韌性，我嗅著金發漁號的氣味仰望白雲，海浪起伏之際，鏢臺上的兩枝鏢槍呈四十五度指向天際，在半夢半醒間我變成了一條乾渴的魚。

那次之後我對金發漁號的印象便是「剽悍」，她的木造結構透出一種粗獷，瘦削精實的船身和尖底的設計利於浪尖上快速切浪移動，鏢臺上隨時等待著經驗豐富的老鏢手溪伯舉起鏢槍與靈動的獵物一較高下……金發漁號的節奏是快狠準的，如果她是優雅沉著的女殺手，那麼「小多」就像是知性和野性兼具的海上導覽員。

多羅滿號（暱稱「小多」）船隻的設計是為了載客，因此座艙的室內與戶外座位設施和廁所、洗手檯等一應俱全，二樓的船長駕駛室有二百七十度的景觀窗，以便船長即使在下雨時也能看清視線。而為了在海上能望得更遠、搜尋鯨豚的身影，「小多」還在駕駛艙上加設了一小區鐵鑄弧狀的瞭望欄杆與遮陽頂棚，也因此導致「小多」在整艘船的重心偏高，船底成紡錘形收束，速度雖快但遇到側浪時搖晃幅度特別劇烈。即便如此我還是偏好它的靈活與人性化，雖然「小多」是一艘超過二十歲的老船了，它的心臟和外殼都有了歲月的負擔，但每一年「小多」上架整理時，我們總會在文龍船長的指揮下為它刮去船底附著的藻類、藤壺及管蟲，再清洗船殼，重新描繪一次船體的彩繪——「小多」的船身、甲板、天花板上都有漫畫家敖幼祥親筆繪製的圖案，這些特殊的「紋身」讓它停泊在顏色簡單的漁船之間顯得格外醒目。二十多年來，「小多」扮演著人與海之間親善大使的角色，「黑潮」解說員們的海上解說教室，向大眾傳遞海洋環境教育的第一線重要舞臺；二十年來「小多」與「黑潮」一同成長，從青春活潑精力旺盛的少女，蛻變成親切和善體貼的輕熟女，雖然偶有零件故障或螺旋槳卡網的小障礙，卻是我們在海上親暱信任最為依賴的重要夥伴。

上：位於「小多」二樓駕駛艙的江文龍船長。下：一樓船艙內部空間。

打斷筋骨顛倒勇

「黑潮」遶島的行動，這不是第一次。早在二〇〇三年創會董事長、海洋作家廖鴻基的發起之下，首度完成為期一個月的「福爾摩沙巡禮」遶島航程，當時主要除了想挑戰臺灣長期對海域邊界的封鎖，也透過對各個港口漁業活動的記錄，出版了《臺灣島巡禮》和《臺灣的漁港》兩本書，當時所使用的船隻便是少女「小多」。

事隔十五年，「小多」再次載著「黑潮」新一輩的年輕夥伴踏出花蓮海域，路線遙遠依舊，老一輩跑過遠洋的船長早已退休，取而代之的是正值壯年的第二代船長，而這一趟比當年更不同的經驗是：航行範圍將納入澎湖群島、小琉球和蘭嶼等離島。從未航行過的領域，加上針對各個海域進行採樣調查的科學目的，船上人員組成也都與過去不同，這幾乎是一個全新的挑戰，我們需要在過去的經驗中再往前探，身為最重要夥伴的「小多」也因應這趟旅行做了準備，在各種設備上全新升級。

出航前一週，「小多」上岸做了一番健康檢查，所有的器械重新保養、部分零件更換，最重要的是在航行通訊設備上的提升，包含添購海陸無線對講機，加裝船舶自動辨識系統（簡稱ＡＩＳ，包含ＶＨＦ發射主機、天線與ＧＰＳ天線），更新電子海圖資訊等，大大增加了航行的安全性；為了讓陸上跟著移動的補給團隊和地勤人員能夠隨時接應海上的航行進度，無線對講機成了最即時的通報器，而船舶自動辨識系統除了能即時發出自身船隻的航行資訊之外，也同時能夠接收到二十至三十海浬範圍內的船隻通訊，在沒有紅綠燈也沒有雙黃線的茫茫大海中，能夠透過儀器觀察附近船隻的航行方向、預測距離、規劃目的地之間的航線，一旦緊急狀況發生也能即時求援，就像是海上的救生系統一樣重要。而新的電子海圖搭配水深儀、魚探機，提供了海面以下的地形資訊，畢竟東部斷層海域一出海水深就到達數百米，也沒有潮汐差影響船隻吃水，船隻觸底或無法進出港的問題；一旦跨越島北端到西部海域，面對的是潮汐差和大陸棚海域，加上暗礁和渦流等陌生地形，讓從未跨過東岸航行的文龍船長備感壓力。

航程第二天，我們從海科館的宿舍陸續走向八斗子漁港。

國立海洋科技博物館的陳麗淑主任與基隆市政府海洋事務科的蔡馥嚀科長早早就等

在船邊。其中陳麗淑主任與「黑潮」在海洋廢棄物議題上合作已久，同為「臺灣海洋清淨聯盟（簡稱TOCA）」的盟友；另一位蔡馥嚀科長則是近年推動基隆市望海巷潮境保育區有成，是讓這個全國最年輕、範圍最小，卻成為模範保育區案例的背後功臣。這兩位女性都是我十分敬佩的前輩，因此事前也極力邀請她們上船同航一段，在自己家鄉外海的航行意義非凡。

要在日常繁重的工作事務中抽出一天全然在海上航行，對於具公務人員身分的她們格外不易，但「島航」機會難得，她們對於「黑潮」團隊在海上操作調查的方式也十分好奇，最後蔡科長和麗淑主任臨時決定從八斗子漁港上船，然後建議我們在原有的調查點之外多增加一個「和平島外海」測點（這裡同時也是陸域大排出水口，具有指標性），她們隨船記錄這個點位的調查之後，「小多」再稍稍折返路徑在八尺門漁港與她們道別。

想不到就在「小多」要越過八尺門大橋進入航道範圍的剎那間，意外發生了。

這個臨時的停靠點在航行的計畫之外，而八尺門大橋的高度我們也沒有掌握到，「小

基隆八尺門大橋。

多」三樓加裝瞭望臺所以又比一般進出港的漁船來得高，就在眾人還沒意識過來的那一刻，「小多」頂棚上那支新架上去的ＡＩＳ系統天線啪啪兩下應聲折斷，下一步是頂棚鐵架擠壓摩擦八尺門大橋底部的劇烈聲響，眼看無法倒船，文龍船長只好硬著頭皮往前開，全船一陣驚呼之後終於有驚無險地過了橋底，停泊在最近的碼頭邊先將繫繩裝上固定船隻，接著大夥兒趕緊上三樓查看「小多」的傷勢——攔腰折斷的天線只得先將它拆下，接下來這段航程ＡＩＳ系統先關閉；而被擠壓歪斜變形的觀測臺暫時用繩索固定。

從八斗子漁港上船的畫家王傑老師甫出發就遇到這個「特殊狀況」，這是他第一次出海，卻展現超乎意料的冷靜，就在大夥忙著檢查船隻損傷狀態的時候，王傑老師已經跑到一樓船頭坐定，取出畫具速寫這一幕兵荒馬亂的現場。簡單包紮之後，我們收拾著驚慌的心情，懷著「打斷筋骨顛倒勇」的信念，文龍船長決定繼續向北航行，因為氣象預報由北方南下的鋒面已經等在外海，我們必須趕在風來之前，越過流向紊亂不易航行的臺灣最北角海面，並且一定要在下午四點最乾潮之前進到桃園永安漁港停靠。由於西部的港口漲退潮差明顯，需要精準把握潮汐時間進出港，如果沒算好時間遇上潮位過低，儘管是舢舨一樣的小船都是不能勉強靠港的，等待下一次漲潮能移動的時間往往就是十二個小時之後了。

在這個航段我們的檢測點由北往南包含了和平島外海（新增）、臺灣最北端（富貴角）、淡水河口及觀音藻礁。向北的航行如同船長所料並不平穩，逆風逆浪讓調查進行的難度變高了。當船隻繞過富貴角時，航行經驗豐富的解說員惠芳一度從船長室探出頭來，高聲提醒一樓船艙的相機及船尾的研究器材要固定好。劇烈的起伏將浪推上甲板，風吹動波面翻攪著表水層的懸浮物質，那滔滔不絕的力道似乎也挖進了胃裡，酸澀的胃液一度湧上喉頭，混合著汗水與海水的鹹腥，「小多」和船上的每個夥伴都毫無例外地濕透了——這樣的浪況並不利於調查。在「島航」三項主要檢測項目中，特別是塑膠微粒的打撈和水下聲音的錄製都需要平穩的海面。劇烈的動盪讓潮界線上漂流物質的聚集顯得不易分辨，若加上船行的速度和流的方向，為平穩收集海水表層漂流物的 Manta 形網翼也不易穩定，連航行都備受考驗的這一個航段，確實在安全的顧慮上為先，研究人員盡可能地保持穩定的操作程序，但面對隨時在變動的風和海流，所有的採樣都帶著一種徒勞的味道。

TEL:8333821
總乘載人數:33人
限載乘客 31人
船員人數 2人

過橋時天線攔腰折斷，眾人緊急修復「小多」頂棚。

畫家王傑在船上寫生。

上：彥翎在船頭進行海漂垃圾目視記錄。下：君珮協助研究組各項數據記錄。

合作開展的調查

「小多」是一艘可以乘坐三十一名乘客的船，但為了長時間航行及研究操作時船隻空間的寬裕，通常每一趟航程船上的總人數我們盡量控制在二十五人以內，而船上每個人都有工作角色，往往各據一方角落。由於這趟「島航」聚焦在三項指標調查，希望能採集到全臺灣五十一個檢測點的數據，一來為了讓國內相關的研究藉著「島航」的參與有所推進，二來則是確保民間團體執行科學計畫研究的可信度，除了塑膠微粒的調查是由「黑潮」的研究員珮珍（小八）負責研究與分析之外，其餘研究項目多半是透過成果共享、資訊公開的前提與國內當前該領域的研究者合作。

如「海水溶氧檢測」的研究器材和採樣方法是由東華大學海洋生物研究所孟培傑所長提供，孟老師也幫忙培訓「黑潮」志工在船上操作記錄，最後的數據再交由孟老師團隊分析解讀。協助操作的溶氧手冠榮同時肩負攝影組的工作，常穿梭在船尾左舷和船頭甲板之間。而水下聲音的錄製則特別請教了當時正在日本國立研究開發法人海洋研究開發機構擔任博士後研究員的聲學領域專家林子皓博士，除了確立水下聲音錄製的目標並分析結果之外，子皓同時也幫忙向日本中央水產研究所主任研究員赤松友成先生商借了一組水下錄音的設備，由臺灣大學生態學與演化生物學研究所準博士余欣怡及「黑潮」解說員林思瑩隨船錄製操作。欣怡和思瑩工作的位置多半是在船尾丟下綁定聲音設備的浮球，待錄製完成後，再跑到船頭舷側把浮球同錄音設備勾取上來。

而總是在船頭進行海漂垃圾目視法調查的記錄人員君珮盡責地持續著十五至三十分鐘的目擊記錄，隨著船行的方向記錄海面上可分辨的漂流垃圾種類，並分成「塑膠類」、「漁業用具」、「保麗龍」、「其他類別」等大項目做數量的統計或描述。這一種海漂垃圾的調查方法相對簡易，不需要特別的實驗器材而是倚賴人眼的辨識，做簡單數量和點位的記錄，這些數據若能長期累積，可以回答海漂垃圾分布的時間空間關係。這項計畫主要是由海洋大學海洋事務與海洋資源管理研究所的邱靖淳碩士進行，她以「臺灣周遭海域海漂垃圾時空分布與密度之研究」為碩士論文研究，靖淳彙整了世界各國以相同方法做的二十多篇研究，主要調查方法則參考來自美國NOAA跟歐盟的兩本海洋廢棄物調查手冊。可見海洋廢棄物議題是世界各國投入資源關注的焦點，其中特別是日本氣象廳自一九七六年起就透過海岸警衛隊巡邏船等進行資料蒐集，累積時間長達四十年。

上：臺北外海測點打撈塑膠微粒。下：海漂垃圾。

上：新北市外海的垃圾漂流帶。下：航行至淡水外海的船頭大浪。

《意外的守護者》

過去臺灣在海洋面向的調查研究投入資源較少，一般海域的研究者需要克服專業技術、租船、不穩定氣候、海域特性等研究門檻，往往需要投入更多的研究成本和時間；對於學界在研究的「投資報酬率」、「學術地位」、「學術資源」環環相扣的生態邏輯下，海洋生態的相關研究長期受到忽視，國家對於海洋方面投入的資源多停留在產業開發、國防安全等所需的研究，而「保育」則是最被邊緣化的主題，一向不是資源爭奪戰場上的焦點。

而「島航」則是民間力量的展現。

這項計畫能夠成行，首先來自於大眾對環境意識的提升，在社會福利及人權議題之外，也願意關注海洋、山林、動保議題的人變多了，這是公民社會逐漸成熟的徵象，除了成為公共議題的傳播者、捐款人之外，也有越來越多的群眾願意付出業餘的時間成為志工，透過接觸環境團體進而增加議題的實務經驗，這一份時間和力量累積成影響力，也有機會進一步促成政府部門政策的改變，最常見的方式就是訴求連署、消費抵制、參與民間機構所舉辦的基礎調查活動、透過有意識地自然觀察針對周遭環境做記錄與變化追蹤等。

這種「藉由志工參與，協助收集科學資料或合作尋找科學解答」的案例，在國外風行已久，尤其在社群網絡和智慧型載具進步飛快的近十多年來，臺灣也吹入了這股「公民科學」（citizen science）的熱潮，國內較為成功的案例如「路殺社」、「ICC臺灣淨灘行動」都在陸域生態或陸域海洋廢棄物調查上提供了重要的長期調查線索，進而成為政策和物種保護措施的參考。相較於陸域，海域的調查似乎多了一些門檻，普及度與易達性雖然無法與陸域相比，但相對而言參與其中的海洋活動愛好者或海域工作者也許能夠提供準確度更高的觀察。比方說由環境資訊協會召集具開放水域潛水執照的海洋志工持續參與的「珊瑚礁總體檢」、由一群來自不同背景的海龜狂熱者在二〇一七年成立的「海龜點點名」社團透過水下海龜特徵的辨識進行Photo-ID，還有黑潮海洋文教基金會從一九九六年開始持續二十年透過解說志工在花蓮海域出海記錄的「臺灣海域鯨豚目擊記錄」及「花紋海豚Photo-ID資料庫」，都為臺灣海域的生態及物種多樣性貢獻了長期且重要的科學數據。而在近十年間，海漂垃圾的問題越來越被重視，學術單位或民間團體也試著透過公民科學的力量來調查海洋廢棄物。值得一提的是美國「跨太平洋海洋垃圾調查」，這是自二〇〇八年起由遊艇俱樂部自行發起的公民科學調查，超過六十組船隊持續在二〇〇八至二〇一七年間，參與調查夏威夷群島至美國西岸間的海洋漂流垃圾，這項長期持續的海上公民科學調查經驗和成果值得我們參考。

美國作家阿奇科．布希（Akiko Busch）在《意外的守護者》（*Incidental Steward*）一書中透過重返老家哈德遜河谷居住後，因為一次來自紐約環境保育局研究助理的拜訪，不經意協助搜索一隻帶有無線電發報器的蝙蝠。這個意外的經驗讓她開始認真培養面對大自然的注意力，而理解到對環境的人為傷害多半是「頑強的、盲目的，充滿種種偶然」，因此得出非常精闢的觀點：「它的毀滅力就跟生活中許多其他事情的毀滅力一樣，不是經由選擇或設計，也不是基於什麼意圖，而是來自於疏忽和缺乏關注。」而在阿奇科持續參與對哈德遜河谷的各種動植物穩定且長期的記錄之後，她提出「重複運動任務」（repetitive motion tasks）的概念，並以「規律的行動和獲得啟示向來都是堅定的盟友，而小頓悟往往是機械式反覆演練的尋常產物」作結，揭示了科學中的差異往往需要長時間不斷重複的驗證。當我們願意經年累月地記錄一株樹苗、一片沙灘、一方海域，總有一日會閃現出逸出的星火，照亮未知的黑夜。而眾人的意志需要被延續，集結起來的力道讓觀察者慢慢介入成為行動者，每個人都能夠透過看似微不足道實為至關重要的小行動，成為自然生態意外的守護者。

趕路之際，船隻在最後一刻駛入了永安漁港，潮位尚未退盡，進到航道前「小多」的船底被「捧」了一下，輕微地如文龍船長暗自倒吸的一口氣，只有極少數和「小多」融為一體的夥伴察覺。

為了避鋒面，永安港停滿了漁船，接下來兩天發布海上風浪警示，航程被迫得在永安港滯留兩天，待鋒面過後再出發。兩天的休息對「小多」而言是得來不易的修繕機會，工作人員也藉此在陸地上補給、充電，這才是出發的第二天，接下來吳明益老師及其他夥伴將依約前來，從永安港上船，繼續我們的島航之路。

BEYOND
島
航

• 黑潮島航 round 1

06/03

啟航　桃園永安漁港↓

抵港　臺中梧棲漁港

夜航・永安→梧棲・複沓的光輝

吳明益——文

孤獨而親密

到漁港附近的旅館時已近午夜，不遠處是我曾經求學的地方，小鎮看起來坦然卻有陌生感，那陌生感把我的記憶推遠。斜對面的豆漿店看起來跟臺北的很像，卻可以從同樣食物的處理與排列方式感受到不同。臺灣是一個小到足夠演化出區域差異的島。

由於鋒面來襲，「多羅滿號」（暱稱「小多」）在船長與「黑友」（黑潮夥伴）們的討論下提早出航，並且停在永安避風，我因此錯過了花蓮到八斗子、八斗子到永安的兩個航次，但卻多了兩天和家人與貓咪相處的時間。今天則是決定凌晨四點集合出發，五點啟航。

也許說「我們決定」是錯的，無論如何，船能否航行決定者都是海，人只能在海的意志下做決定，那決定帶著依附性。

漁港的節奏和城市不同，「小多」停靠在三艘並排船隻的最外側，我背著相機跳過第二艘船，看見船艙裡的漁民亮燈熟睡著，幾乎可以聽到他的呼吸聲。

燈光在黑色的海面形成銀色的光斑，船一發動遂如鞭運動起來，這是我今年第一次離岸。

黑暗中的海幽魂的氣息，人類航海第一個挑戰並非風暴，而是黑暗。康拉德最了解，這世界上最難抗拒的黑暗就是大海與內心，它們迷人又危險。

夜航回望陸上燈光。

凌晨5點26分，「小多」到達第一個觀測點，轉為怠速前進。三組採樣人員早已在我自顧自地調整攝影裝備時運作起來。「水深三十一米！」指揮室傳來海圖的數據，溶氧檢測手冠榮先把鐵桶拋進海中取樣，隨即裝瓶檢測海水pH值、鹽度和溶氧。觀測點面對的是新竹南寮舊漁港，也就是頭前溪的出海口，我打開PeakFinder，對著遠方幾不可見的山巒起伏，查閱島嶼的眾神。那裡有南插天、塔曼、內鳥嘴、李棟、尖石、泰矢生、石麻達、大霸尖、哈堪尼、馬那邦⋯⋯。水從神的國度來，往黑暗而去。

海水取樣完成以後，小八（珮珍，這次主要的懸浮微粒調查員）和協助者世潔從船尾放出Manta網，那是專門設計來攔截懸浮微粒的器具。Manta入海後船長隨即以二點四至三浬的速度前進，讓海水濾經網面，留下痕跡。5點26分記錄座標後小八喊走，5點51分記錄座標後起網，志工靖淳複誦記錄著各項數據。

Manta起網後，水下聲音記錄手則拋出繫上浮球的錄音筆，讓船和錄音筆拉開一段距離後熄火等待。時間一到，觀測員在海面上尋找浮球的方向，指揮船長目標物所在位置回收錄音筆。

航行過的人就知道，海的聲音和引擎聲會在你的耳邊心臟互相競爭，除此之外海上幾乎沒辦法聽到其他聲音。人和人交談得用吼的，得用擴音器，使用肢體語言，或者靠近對方的耳朵。也許是這樣，讓海上的工作者看起來格外孤獨或格外親密。他們各自站得遠遠的，又各自貼得如此靠近。

和以被物

6點43分，船的前方出現了巨大的海上風車。海水藍而近黑，有一種綢緞的光澤。欣怡告訴我，這是白海豚紀錄的北界，去年才建置的風機童話般地在海上轉動。我想到臺南存有臺灣唯一一間近兩百年歷史的風神廟，正殿門上懸有信徒捐贈的寫著「和以被物」的匾。

人們過去對自然力量總是恐懼的，恐懼引來崇拜，引來祈求。而現在我們想掌握它了。離岸風電是近年西岸發電設備的重大議題，倡議者認為海上風機的產出能量比

立於海上的離岸風機與陸上林立的風機面臨替代能源的生態難題。

岸上風機要高出40%，反對者認為這樣的工程忽略了海中生物、施工汙染、低頻噪音，以及對候鳥飛行路徑的影響。

為了將風機固定在颱風頻仍的島嶼海域，水下打樁的工程十分巨大。部分研究者認為打樁產生的高頻震波很可能對海洋哺乳動物產生影響。特別是這個計畫並非是這兩支示範風機而已，若未來形成大規模的風場，運作亦將大幅度改變風場海域的聲景。我時常在關注大杓鷸生態的蔡嘉陽先生臉書上看到他為鳥類撞擊風機的高度風險提出呼籲。

不久前我在香港的新聞裡看到他們正進行著「土地大辯論」，其中中原地產主席施永青認為，「環保並非社會的唯一考慮，港人的居住權亦是社會必須照顧的環節」。至於環保團體憂慮，填海會讓稀有物種失去棲息地，他竟說長毛象、劍齒虎和袋熊等生物相繼滅絕，對生物多樣性造成了一定破壞，但其生態位置很快便被其他生物替代，而現時有不少物種處於快將滅絕邊緣，「中華白海豚只是其中一種，由於這類物種數量已十分稀少，在生態環境中扮演的角色已很小，其存亡已影響有限」。

問題是長毛象、劍齒虎並不為了施永青的房地產利益而滅絕的，而生物在人類文明

人與生物爭地。

海鳥歇息於漂流海上的保麗龍浮球。

快速演化的數千年來，退讓得已經太多了，即使多考慮一點，都不配說是償還。

「小多」從兩架風機旁穿繞而過，海水如同牡蠣的殼，閃現著光澤，這種雲母般的光澤時現時滅，無法採集。

複沓的光輝

第二個觀測點是後龍溪的出海口（水深十三點三米），第三個觀測點則是苑裡漁港口（水深二十三米），第四個觀測點則是梧棲漁港口，也就是大甲溪的出海口（水深二十三點七米）。

海面隨著陽光變綠，遠方出現了清楚的海潮線，零星的，獨行的斑蝶循著海面低空飛過，與我肉眼辨識不出的燕鷗數量約略等同。

三組操作人員，面對漸漸上升的氣溫，重複做著同樣的工作。拋擲、採水、分析、報數值，放出Manta、收回Manta、清洗Manta、打開水下收音器、繫上浮球、放出收音器、回收收音器……。

每當「小多」一怠速時，海的力量就大了起來，船上的人把腳步跨大，從小腿、大腿到脊椎兩側的肌群明顯施力對抗浪量。不過身體都知道，躺下、坐著與站立時，對抗海浪所費的能量差異甚大，在不穩定的平面上用陸上生物演化出的身體工作，疲憊會在上岸後加倍顯現。

每回檢測員開始作業我就跟著站在後艙，舉起相機體會與他們一起身體勞動的感覺。科學研究事實上與藝術創作非常相似，它們都有著徒勞無功的複沓階段。

或許需要採樣上百個檢測點那些數據才會出現些微意義，或許同一個檢測點要採樣十年才能解讀出人的力量正如何影響著海，這種漫長、不能肯定盡頭，卻不能有任何環節不一致的行動，讓看似無聊的複沓產生了光輝。

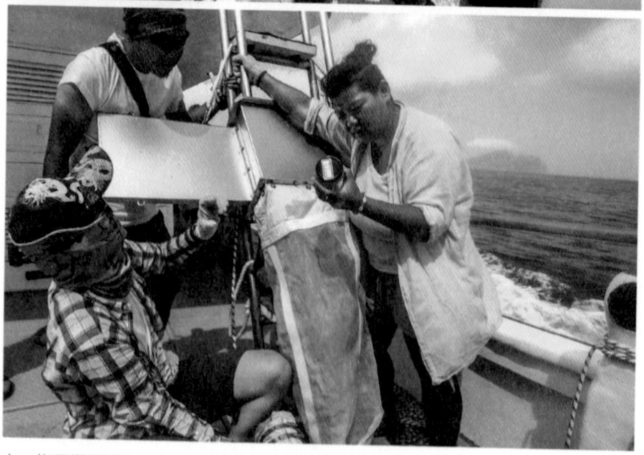

上：拖網撈取樣本。中：起網。下：洗網取樣。

上：標示樣本。中：加入酒精固定樣本。下：觀察樣本中的成分。

上：海水採樣。中：溶氧檢測準備。下：操作溶氧。

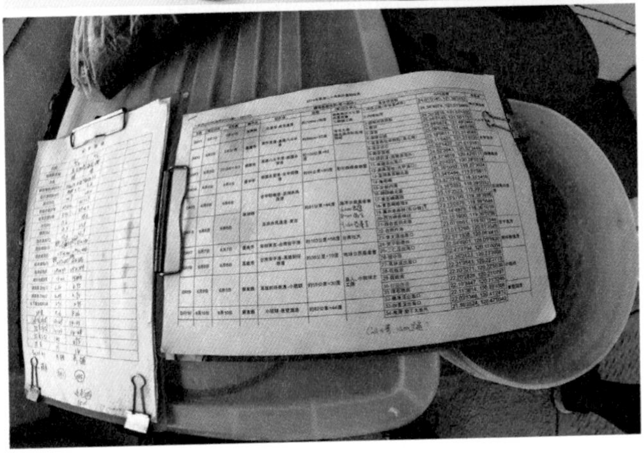

上：對比純水與海水的溶氧數值。中：檢測溶氧值的儀器。
下：測點方位與各項數值記錄表格。

Manta

我聽了發音近似Meta，問了洪亮才知道是Manta。Manta是鬼蝠魟（*Manta birostris*），牠是一種性慢熟的卵胎生魚種，雌雄常偕行，大部分每次僅生產一胎，因此在中藥需求的獵捕壓力，以及自身特殊的生態習性下，成了瀕危物種紅皮書（Red list）中的易危物種（Vulnerable，簡稱VU）。

收集懸浮微粒的儀器，似乎是以三個結構組成的，方口的主體與兩翼，正好就像鬼蝠魟呈現一個三角形。兩側的結構是為了在海上拖曳時的平衡而設計的，而網子則是按照美國五環流基金會的設計圖，在臺灣特別訂製。據說目前在臺灣使用方口的Manta做懸浮微粒調查的民間單位僅有兩個，不久前曾邀我參與另一個海上塑膠垃圾探勘活動的綠色和平（綠色和平的顏寧小姐，常在臉書分享海洋塑膠微粒的相關研究），則使用收集口為圓形的浮游生物網，不過這僅是收集口的差異，採樣的結果主要是看網目的粗細。

Manta蒐集回來的懸浮微粒滯留在三百三十微米的網上（網目決定了所攔截的微粒大小），小八用清水將其集中到網子的尖端處，那裡有一個旋鈕，可以把尖端的網子拆卸下來，倒進漏斗收集起來。東良拿著第三個觀測點的採集瓶讓我拍攝，裡頭有水母、小魚，肉眼不可見的有機生物，以及近年已成國際研究重要課題的塑膠微粒。但一切得送回檢驗室再用溶劑分解後，才能得到可靠數據。

有意思的是，在參與這段航程之前，我完成的一篇短篇小說〈恆久受孕的雌性〉，裡頭設計的海中攝影機，也取名為「魟」，我想這就像人類科技往往是一種「仿生藝術」，我們的想像力總在演化的萬物變異裡顯得渺小。

不知道為什麼，東良握著採集罐的手，讓我覺得他正「掌握」著一個具體而微的生態系。數位相機裡的影像，給我的感覺不是科學的，而是寓言的。據說有時浪大，反而蒐集到的樣本顯得清澈，因為懸浮垃圾暫時被打到水面底下，我們不可見的地方。

《四百歲的睡鯊與深藍色的節奏》

漁夫不會讚歎海的美麗，我遇過的農夫從來不會停留腳步跟我一樣等待夕陽，或望著奇萊山發呆。雪豹不知道自己的步伐絕美，熊鷹也不會明白自己獨特視覺能力裡藏有的美學天賦。

無論再美麗的風景也會習慣，身體會疲倦，也會想念陸地的穩定。採樣小組在工作完畢後，指揮室會傳來下一段航程的距離。伙伴們於是都開始補充食物，或者默默地、安靜地讓身體休息。

我因為昨晚幾乎沒睡，因此時不時閉起雙眼，體力恢復了，船身震盪不太激烈的時候我就翻開手邊的書。

這本挪威作家摩頓・史托克奈斯（Morten Strøksnes）的著作，寫的是一段追捕格陵蘭鯊（睡鯊）的歷程。二〇〇七年我曾自助旅行到過挪威，與瑞典、丹麥一樣，

挪威也是海之國度，國民擁有船隻的比例相當高。

摩頓一個好友雨果是個航海迷，一次突如其來的莽撞提議，勾動了作者對海洋的痴迷，兩個男人居然決定駕著小艇試圖獵捕待在深海裡長達七至八公尺，重達一千兩百公斤的格陵蘭鯊。

原本你預期會是一本挪威版的、袖珍版的《白鯨記》或是《青年與海》，但實際打開卻發現是一本自然史。挪威與海洋的情感氣息，似乎和在新大陸「拓荒」殖民的美利堅大不相同。摩頓以「夏、秋、冬、春」的結構描述這段「尋鯊之旅」，卻更像是不帶氣瓶的自由潛水、高山攀登，捕到鯊只是這兩個男人沉浸一整年「海上經驗」的華麗藉口。

我們一邊讀著偶爾（真的是非常偶爾）才出現的鯊蹤，多數時候是摩頓展示著他想要訴說的自然史、海洋研究、北歐的海洋探險史、漁業史與挪威史，我們會讀到蘭波十六歲時從未到過海上所寫的海洋詩，會知道寫作《金銀島》的史蒂文生，如果根據家庭傳統，應該成為燈塔建築師。這就是摩頓的「深藍色的節奏」吧。

兩個男人與一艘充氣小艇真的能捕獲格陵蘭鯊嗎？我認為摩頓與雨果都不是笨蛋，因為捕鯊不是目的，與海洋相處才是。在寂寞的海上，他們各自展示著說故事的能力，其中一個故事和我過去講過的大象故事同樣哀傷。

一九〇三年，一頭叫做托普西（Topsy）的大象踩死了兩名動物員工，後來在紐約一座主題樂園裡遭到公開處決。這個處決甚至是售票的。

「人們把某種以銅礦製成的涼鞋裝在大象腳上，然後輸入七千伏特的交流電。他們本來想把牠用吊車吊死，不過沒能成功。這樣做的目的，是為了打響那座主題樂園的知名度。整個『行刑過程』被湯瑪斯・愛迪生的電影公司錄影下來，這部影片就叫做《電擊大象》。」

由於這個段落太過黑暗哀傷，我想回去找蘭波那首海洋詩，卻忘了摺頁，怎麼也翻不到。然後「小多」就在陽光燦亮的近午入港了。

黑潮島航 round 1

06/04

啟航　臺中梧棲漁港↓

抵港　澎湖赤馬漁港

光・梧棲→赤馬・水和沉思是一體的

吳明益——文

對光的崇拜

早晨六點「小多」離開梧棲漁港的時候，天光已經很明亮了。海風微涼，海與天際有著明確的界線。由於測點接近澎湖，因此會有數個小時的航程我們無事可做。於是我與這次擔任水質檢測手的冠榮和影像記錄的簡毓群導演閒聊，正好我們三個人都是學文學的人，做的又都不只是文學事。

早在二〇一〇年我就認識簡導，當時他既是中興臺文所的研究生，也拍攝白海豚的紀錄片，我第一次的尋找白海豚之旅，就是和他一起出海的。

認識冠榮也差不多是同一時間。冠榮從高中就是天文社的成員，保持著這項興趣一直到讀中文所，碩士班的時候寫了一篇探討《三國演義》裡天文描述的論文。我曾看過他拍的星軌照片，以及花蓮黑夜的春雷閃電。因此在我的印象裡，冠榮和那幾張照片緊緊聯繫著。

我以前想過一個無目的性的問題：為什麼無論是哪一個文化的人，都對星象如此著迷？人類從洪荒時代開始就學會仰頭望天，把不可解的自然現象、個人與國族命運，乃至於情緒與那來自遙遠的光聯繫在一起。我說的是「光」而不是星球，原因在於星象的詮釋裡，似乎都以發光（或至少能反射光線）的星球當成解釋的對象，因而我以為人著迷的（或以為會影響自身命運的）不純粹是星球，而是「光」。

光從遙遠的地方來，有一派學者的說法是，海水也是從遙遠的地方來的，我第一次讀到這種說法是瑞秋・卡森的《大藍海洋》（*The Sea Around Us*）。

部分科學家認為，宇宙每天都有隕石產生，在遠古時代，大量帶水的「隕冰」落到地球上，在一千米至三千米的高空凝結成雲，降下了數億兆倍於《百年孤寂》裡那場不間斷的大雨，終於形成了今日的海。

雖然我們只是橫渡一小段從大洋的觀點來看顯得渺小的「海峽」，但船行不久，四周望去已經全是海平線海平線海平線與海平線。海水因為陽光而有了深度，每一道海平線與波浪都讓光賦予了獨一無二的精神，或許因為如此多變，許多海洋文明才得以創造了那麼豐富的語彙來描述浪吧？

我懷疑對海的崇拜，根本於對光的崇拜。

上：拍攝島航行動紀錄片的簡導。下：協助溶氧檢測及影像記錄的冠榮。

人變小了

我在《單車失竊記》寫到，對從事任何工藝的人來說，作品「有精神」是評價你是否「出師」的重點。年輕的時候，我曾想過當一個博物繪者。因為我知道我的速寫沒有「精神」。但我耐得住性子，能承受失敗，因此能用時間去換取一幅畫。不過我一直羨慕那些能在短時間內掌握對象精神的畫家。

二〇〇〇年左右，我因為七星生態基金會的關係，認識了劉伯樂老師。劉老師原本是國立編譯館的插畫家，因政府裁員的關係，離開了原本的職務。他對畫鳥很有興趣，於是開著他那輛老車，載著畫具與相機，到處拍鳥畫鳥。畫鳥一定要親臨現場，並且學習拍鳥是他告訴我的「心法」。他說一般攝影者不會刻意去拍鳥的特定部位，比方說腳爪、某些角度的覆羽、嘴喙上的細節——但這些地方都是在畫畫的時候避免不了的。所以，他認為拍鳥是畫鳥的第一步。

偶爾他會到花蓮來拍鳥，打電話跟我簡短地聊天，我邀他來住我的宿舍，他說不用，他得睡車上。因為在車子停在某些步道的停車場，一醒來就能看見鳥。

劉伯樂後來完成了《我看見一隻鳥》、《野鳥好好看》這些極受好評的鳥類繪本，同時也將創作的範疇持續往更多元的畫風推進。劉伯樂老師的速寫能力也非常傑出，還是部落格的時代，他常常寄給我「即時風景速寫」，我在收到他的信時，只看一眼就能走進畫裡。

「黑潮」決定這趟「島航」時，我在董事會上提議船上應該有一位畫家隨行。原因是在這個攝影器材與技術變成主流的時代，繪圖這種古老而相對「緩慢」的技藝反而能表現出我們航海的心意（不是壯舉，而是度量）。

當「黑潮」接受我的建議後，洪亮傳給我王傑老師的畫。我只看了幾幅，就覺得他是這趟旅程的當然人選。王傑老師擅長街景，落筆有一種能掌握住所繪對象氣息的魅力。那不僅是透視法、色調、線條的準確（當然這些都很重要），還具有一種「理解」對象的直覺力。

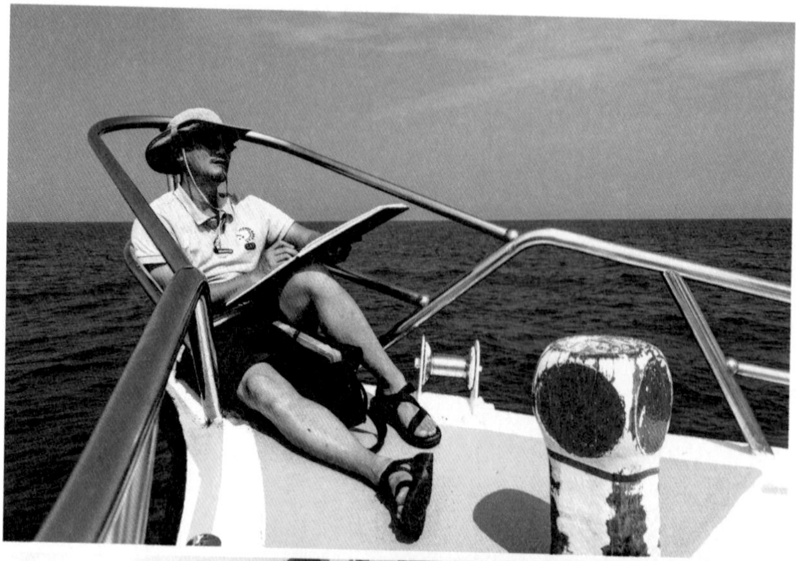

畫家王傑於航程中的「小多」船上速寫。

我認為沒有獲得建築認可的畫家畫不好建築，沒有獲得鳥認可的畫家畫不好鳥，這個「認可」的主體我刻意寫成「建築」與「鳥」，實際卻是畫家本身。一個真誠的畫家，有能力知道自己的作品是否有「精神」。他們因此沉迷在這樣的「敘述」裡，不斷將自己的天賦磨亮。

今天出航後不久，船上全員進行了一次簡短的海圖會議。洪亮、小八、欣怡、金磊、冠榮、東良、子恒都圍繞著海圖提供建議，由於每個人專注地想著自己份內的事，自然顯露出思考的神態。我正想把他們拍下來的時候，發現王傑已經早我一步坐在最適當的位置開始速寫了。在王傑的筆下，這場簡短的會議的「氣息」被留在紙上。

會議結束後我和王傑老師聊天，他住雨港基隆，親海是他的本性。他說難得一生有機會出海遶島作畫，所以很乾脆地答應了邀約。我請他讓我看他的畫具，分別是攜帶型水彩、沾水筆和鉛筆，洗筆的水則是用咖啡罐裝著。

我問他最近除了遶島計畫以外，是否有什麼計畫性的創作？他說畫建築、古蹟、街景多年，希望未來能朝向創作自我的方向前進。

上：船艙一樓工作區的海圖會議。下：海圖是海上航行的重要依據

我問他來海上畫圖如何取捨畫面？他說他選擇兩個題材，一是掌握船上成員在海上的神情，一是把周遭之海和航行的船隻畫進來。當一旦把環境畫進來的時候，人就會變小。

我說是啊，寫作也是這樣，當我們把環境寫進來的時候，人就變小了。

《康提基號北極探險記》

阿部弘士曾經是日本旭山動物園的管理員，他雖然有著飼養那些動物的經驗，卻還嚮往著能到動物的棲地親眼見到牠們野生的姿態。

他在這本可愛的繪本前言裡寫道，動物園裡有些鳥的翅膀被動了小手術，以防止牠們飛離。牠們平常看起來無所謂的樣子，在動物園裡散步、交配、育雛……，但每一年的春季與秋季，當動物園的上空有野生的雁鴨飛過的時候，牠們的行為就會有很明顯的改變。牠們變得慌亂，對著天空呱呱亂叫，彷彿在說著「我的故鄉在哪裡啊」，「請帶我一起走吧」，這樣的悲傷句子。

阿部帶著這樣的心情進行了他的北極之旅，這本繪本是這趟二十幾天旅行的速記。因為他曾在動物園照顧過北極熊，本以為對北極熊很熟悉了，沒有想到在野外發現北極熊的動作比在動物園裡「自由」得多。你會說這不是廢話嗎？不，這並不是廢話，我想阿部的意思是，許多生態行為在動物園裡的動物並不會顯現，動物的「精神」在野外才會展露。而認識動物園裡的動物，或許不算真正認識牠們。

比方說他畫了一段「北極熊劇場」，其中第一場畫到他們遠遠看見一頭北極熊同時發現兩頭海豹，牠先去追獵其中一頭，失敗後回頭獵捕另一頭，結果兩邊落空。北極熊的懊惱躍然紙上。（一般來說，野外的北極熊常埋伏在海豹出沒的冰洞口，較少主動獵捕。）另一場則是寫一頭帶著小熊的北極熊媽媽遇到公北極熊，由於北極熊是會獵捕同類的，但不知為何，公熊雖然也朝母子熊走去，卻「忘了」攻擊，母熊於是帶著小熊加速離開，在阿部弘士的筆下，那兩頭小熊跟母熊說：「剛剛那個伯伯有點奇怪哪。」讓這驚險的一幕變得有一種漫畫感。既陳述了生態行為，又不失分寸地表現幽默感。

「阿部弘士式」的插畫線條簡單而不雜亂。他本來就只帶了輕便的畫具，不料第三天自動鉛筆掉到冰河上，因此只能珍惜使用剩下的三支鉛筆。他的顏料只有白、黑、藍三個顏色，這也正是北極最具代表性的顏色。

三支鉛筆、三色顏料，也能畫出這樣有趣的繪本，讓人真心感到佩服。

鳥嶼、馬公、赤馬的聲音

今天的三個測點都接近澎湖列嶼。第一個測點是鳥嶼（10點56分，水深26.2米），船長在繞行時，發現最淺處才四米，因此開得小心翼翼。13點30分，在地的陳盡川船長駕船出現，做為「小多」的航行前導。陳船長的船上插著一支旗，上面寫著「為子孫留後路」，他熟練地引導「小多」避開礁石和淺灣。

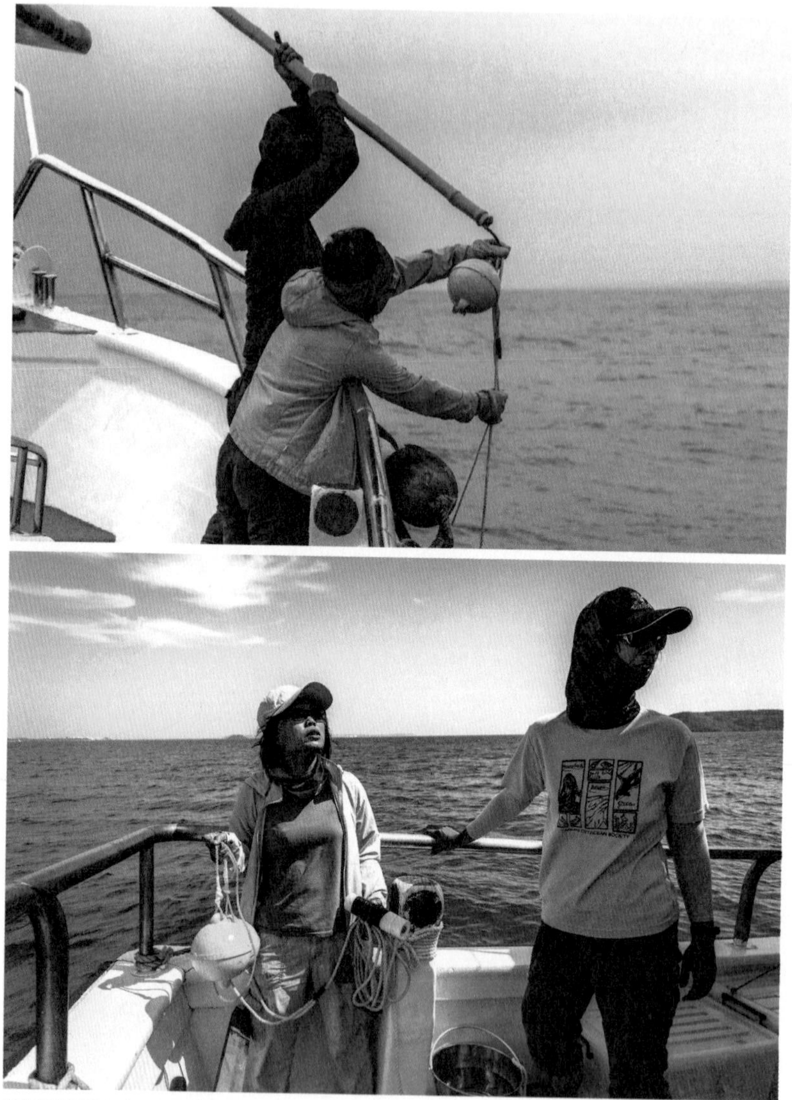

欣怡與思瑩進行水下聲音錄製工作。

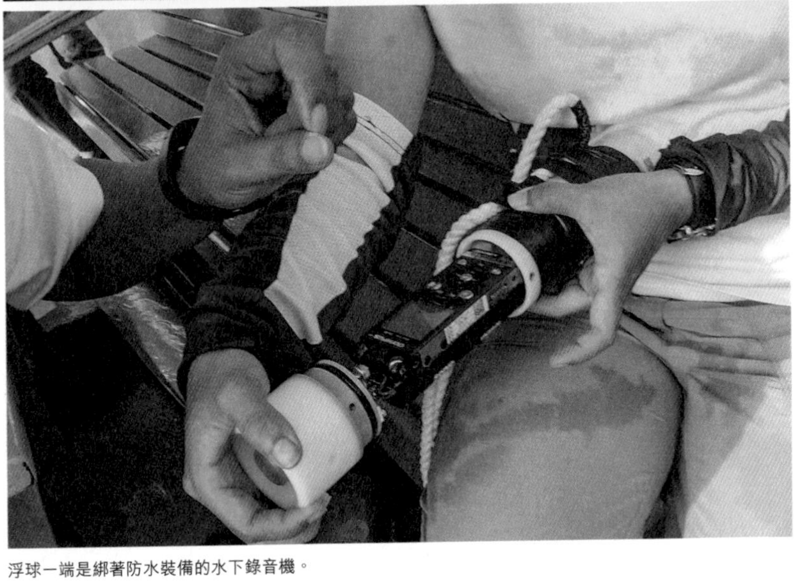

浮球一端是綁著防水裝備的水下錄音機。

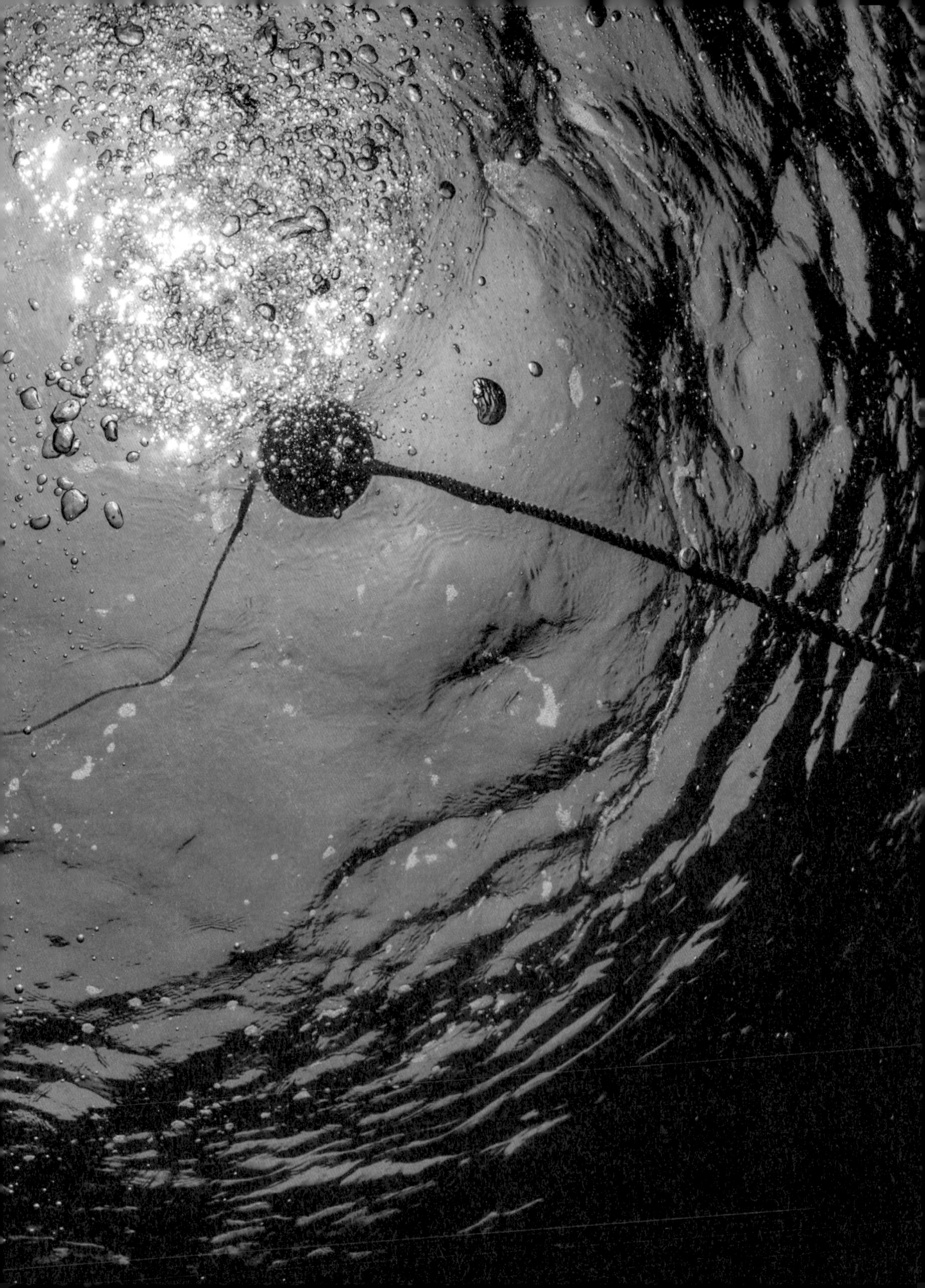

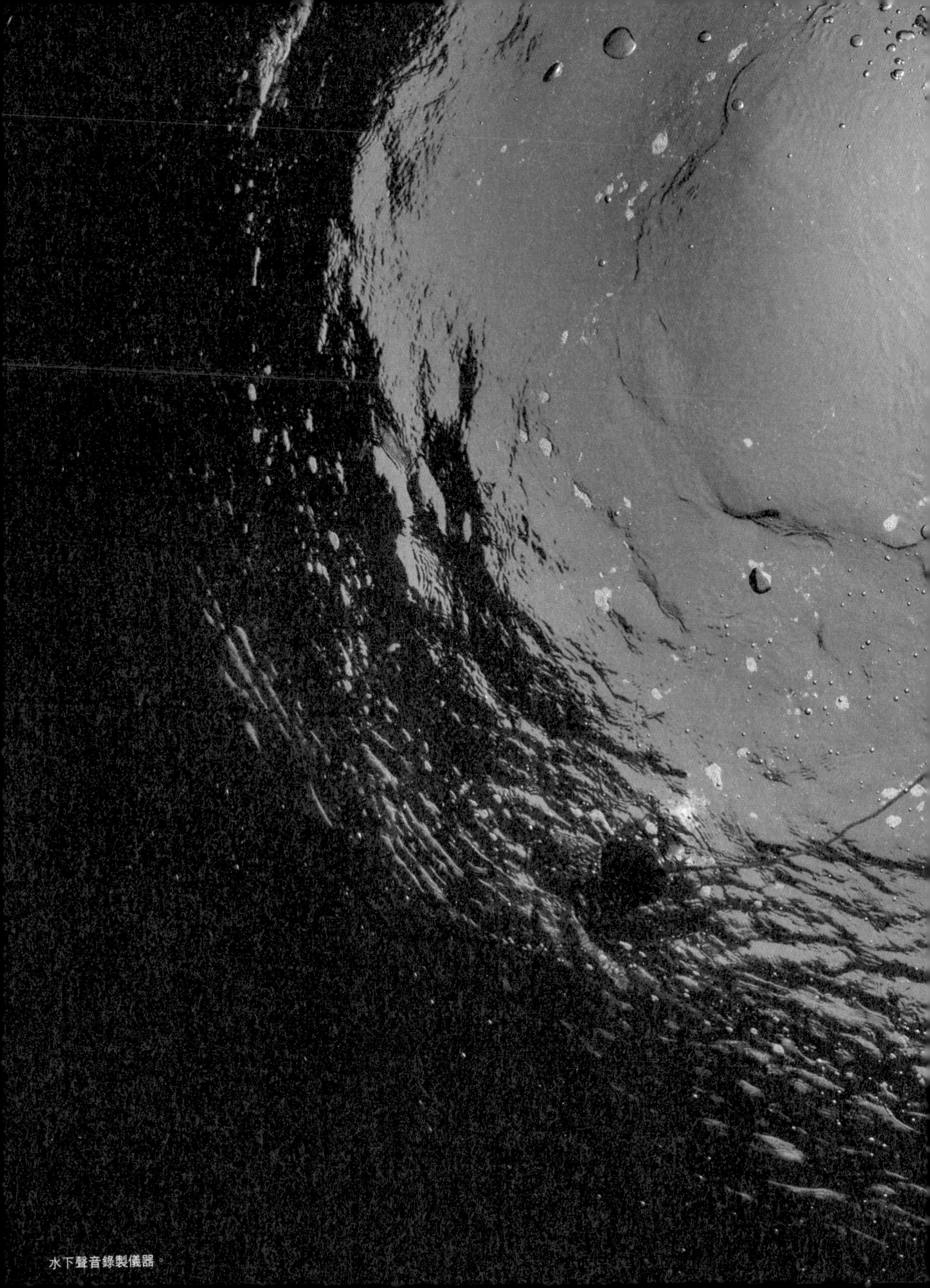

水下聲音錄製儀器。

13點42分，我們順利到達馬公港內的第二個測點（水深17.2米），14點31分，到達西嶼附近第三個測點（水深19.4米）。

這次協助水下收音的欣怡和思瑩，是風格不同的研究員。經驗豐富的欣怡總是積極參與各種討論，顯得開朗，而思瑩則是默默地執行工作。水下收音的器具是一臺數位錄音筆，它放在防水罐中，藉由連通的麥克風收音。由於沒有經費購買遙控的器材，因此每次回收後，她們都得把錄音筆拆下停止，等到下一個測點前再開啟後密封。

錄音筆拋下水後沉入約三米的深度，繫上的黃色浮球做為大海上尋回它們的座標。船長則在錄音工作完成後開著「小多」依照欣怡的指示回到浮球附近。思瑩和欣怡再輪流用一只長鉤將浮球和錄音筆取回。

欣怡告訴我，若能在水面下布置幾組錄音裝置，就還能進一步判讀聲音來自何方。我說這就跟耳朵分布在頭顱兩側的原理是一樣的，她說沒錯。

每回我看著高高的欣怡，和小小的思瑩拿著長長的竹竿在大海裡打撈浮球，我都不可避免地想起一則故事。據說早年藍鯨保育募款相當困難，因為多數人並不認識這種龐大的生物，一生中也不會遇上藍鯨。但自從錄到藍鯨的聲音，並且以大洋裡的鯨唱做為宣傳之後，藍鯨相關的募款才大幅增加。

臺灣愈來愈多人在錄製這個地方的「聲景」（不管是生物的，或是非生物的），聲音或許是「歷史」裡最缺乏的一個層面（比影像更弱勢）。當欣怡與思瑩打撈浮球時我總是過度濫情浪漫地這麼想，她們正從大海裡把濕漉漉的聲音打撈上來，那真是美麗。

水和沉思是一體的

午後三點多「小多」終於停進赤馬碼頭，在等待民宿主人將我們的行李運到民宿之前，大家起鬨讓東良把從基隆帶上船的一顆西瓜剖開解暑。一群人遂在碼頭旁一邊吃西瓜一邊等貨車上來。

上：澎湖本島。下：赤馬海邊戲水。

我自動爬上貨車為大家遞傳行李，遂乾脆坐在貨車上駛向民宿。在車上我看著可愛的赤馬村，想起了二十年前和M第一次來到澎湖的往事。那時我拍到一張自認為掌握住快門一瞬的照片，在七美一幢硓𥑮石屋的兩側，一個小女孩和一隻貓咪同時望向鏡頭。接下來幾天的旅行裡，都掛心什麼時候才會看到那封存在底片裡的影像。二十年過去了，現在即時閱覽的影像，已經徹底把世界眾人的眼睛和頭腦改變了。

到達民宿短暫休息以後，冠榮敲門表示大家要到海邊走走，我婉拒了。但待在房間裡寫稿，疲累卻讓文字毫無進度。我知道自己掛心著家人，也掛心著記憶。於是獨自走進小村，到達海邊時，恰好是夕陽沉落的一刻。戲水者似乎正在進行一場對光崇拜的儀式。

陽光把水鍍金，把海民曬黑，給深海的海藻能量，也接引水分與逝者。在赤馬的海岸旁，我想起梅爾維爾（Herman Melville）說的一句話：

水和沉思，永遠是一體的。

黑潮島航 round 1

06/05

啟航 澎湖赤馬漁港↓
抵港 臺南安平漁港

雨雲・赤馬→安平・誰說這條航道不易遇到海豚？

吳明益——文

赤馬村以及《討海魂》

清晨的時候下起大雨，我看向碼頭方向遍布雨雲，不過氣象卻說今天會是一個浪平的天氣。我們一行人穿過當地居民用心呵護的植栽，以及部分敗壞部分新穎得格格不入的建築，準備到赤馬碼頭。從一旁農家栽植的玉米粗細可以看出這個臨海村落的土地並不肥沃（稈身僅有花蓮的三分之一），但火龍果卻長得不錯。

我因為對這個地方的地名感到興趣，所以前一夜查了資料。一般網站給的說法是，赤馬這個地名源自元帝國時期，當駐紮澎湖的蒙古軍敗退時，船開到西嶼島西岸，遭遇前來接收的明軍，因此將馬放上岸後撤軍。明軍為此放棄追擊，上岸「緝馬」。

這個故事雖然有意思卻不可信（馬既然已困在島上，何必急於一時「緝馬」？）另一個說法踏實得多。

查閱《澎湖臺灣紀略》、《澎湖志略》、《臺海使槎錄》、《裨海紀遊》，都會提到一個發音類似的地名，或「咠仔員」、或「緝仔澳」、或「蝛仔灣」、或「碱仔灣」。這些名稱顯然指的都是同一個村落，也就是說，十七、八世紀左右的史料，並沒有把這個地方寫成「馬」的證據，反而和它的地理特質有關（澳、灣）。

而緝這個字又指什麼？陳憲明教授在一篇題為〈西嶼緝馬灣的石滬漁業與其社會文化〉（《硓𥑮石》季刊，一九九六）的文章裡提到，「緝馬灣」應該是指該地先民

步行於赤馬村一隅。

曾在海灣使用「緝仔網」（chhib-á-bâng）捉魚而得名。「馬」這個字是口語「緝仔chhib-á」尾音bâ的借用字而已。這個意思是，「赤馬」裡的「馬」，並不是發成bé，而是ma。

不過他也同時指出另一種可能性。他說赤馬這個地方，有如下的傳說：相傳在二百餘年前的某日夜晚，聚落的西北方，突然出現了三點火星閃爍，於是乩童乩示說：「有朱、柳、李三王爺要入港。」不久居民就請王入港來村巡狩，後來拜請三王爺永久留駐村境守護，並為神建廟。因為信徒不便對神明指名道姓，乃以朱、柳、李有相關的赤、樊、桃三字作為廟名，分別象徵著三王爺鎮殿。現在赤馬二字可能是取其村廟赤樊桃殿的「赤」和原地名緝馬灣的「馬」湊合而成。

這個說法衍伸自「赤樊桃殿」廟裡的「赤樊桃殿重建落成碑記」，而這間「赤樊桃殿」，就在我們所住民宿大約五十公尺外的馬路旁。離開赤馬前，我特地去繞了一圈，事實上我們整個隊伍，就從廟前穿村而過。

但隘門國小許玉河老師並不認同陳憲明教授的看法，他認為蜮指的是藤壺或是蟹仔的臺語發音，也從廟名的更替認為赤㷑桃殿之名並非自清代創廟之初即沿用至今，所以應該與赤馬的地名沒有直接關聯。

因為只是短暫查詢資料，無法知道誰對誰錯，但不同的詮釋有時反而豐富了地方故事的想像性。彷彿赤馬這個地名既與神明有關，也和地理有關，和漁業有關，和生物有關。

多年前行人文化曾召集了一支採訪團隊，對臺灣本島離島的十三種即將消失的捕漁技法進行了報導，寫成一本極為豐厚的作品《討海魂》。

其中澎湖的一章寫的是著名的吉貝「石滬（與抱墩）漁法」，採訪了當地的漁民柯進多先生。

所謂的石滬漁法，便是利用疊石在海邊組構成一個半封閉式的空間，開口形成一個集魚區讓魚進來後困住，或躲藏在石滬堆裡，便利捕捉。早期的形式較簡單，就是將石頭堆成像是兩手張開，末端捲曲的滬腳。不過這樣的結構魚仍易逃脫，就在滬

赤馬村。

堤的中心再蓋一個橢圓形的「滬房」，正對退潮的水流方向，魚兒就不易逃脫了。

柯進多先生回憶過去童年在「滬房」裡渡過無數快樂的時光，家裡也因為有石滬而能保住生計，不用在壞天氣還冒險出海。這個採訪後面有一段寫到老漁民的天真，柯先生說：「海底的東西怎麼可能抓得一條都不剩，天網都沒那麼厲害，我看只是被轉到別的地方去了，也許跑到別的世界也說不定。」

我想像這段話用臺語該怎麼表達，卻從這個天真的論述裡感到些微的哀傷。

雨雲與浪

出海之後雨雲低垂，不祥地壓著海，我們的視野以「小多」的船身為界，一邊光亮一邊黑暗；一面黑白，一面彩色。這時候的海的盡頭像是有個巨人拉著了毯子的一角，像抖棉被一樣將它掀起再緩緩下墜。

不知道為什麼，拍照時眾人就是比較偏向黑白的，雷雨雲低垂這一邊。除了明亮的那邊出現彩虹時把人吸引過去以外，多數時候我們都把鏡頭朝向雨雲。不久我們都發現遠方一處雷雨胞正夾雜閃電，降下陣雨。海上的視野實在太遼闊了，那遠方的暴雨就像烏雲的流影，烏雲的瀑布。

不過到了第一個測點天氣就轉晴了，好像剛剛的灰暗天色是錯覺一樣。第一個測點介於鋤頭嶼東吉嶼之間，水深 38.4 米。完成工作離開的時候，海又成了柔軟的，彷彿布滿細毛，吸引人躺下去的巨大絨布。這意味著平靜無風。

第二個測點在「薰衣草森林外海」，我好像換了一付眼睛一樣，感到前所未有的清澈透明。「小多」就在這樣逐漸升溫的天氣下，穿梭在「東吉嶼外」（水深 15.4 米）、「西吉嶼舊碼頭」（水深 12.8 米）等五個測點之間。

王傑老師畫了一系列海浪、島嶼和雲的速寫，他告訴我其中兩、三張他用水彩想要表現的就是「雲愈來愈明亮，浪愈來愈平」。

浪起源於風。我在讀薛慶（Frank Schätzing，小說《群》的作者）所寫的《海，另一個未知的宇宙》時，有一章提到風的形成有兩個條件。一是一定密度的氣體混合，二是加溫這些氣體的太陽。地球因為是圓形，且不斷在運轉，因此各地受到太陽照射的條件不同，形成了氣壓。而又由於均衡效應，導致大氣總是持續運動，從一處流到另一處。

那麼浪呢？風並不能使一定深度的水產生運動，但它能影響水面的水分子。不過水分子在風吹動時並未移動，它只是形成了水波。波浪就像是水分子的集體振盪，它們漂到上層或沉到下層，而像我這種拿著相機的傻瓜，就在不同的波浪運動時，忍不住按下快門。

我們痴迷於這樣的現象，甚至願意為它唱歌、寫一首詩或一部小說，如果你寫得夠好的話，就會變成吳爾芙（Virginia Woolf）。

吳爾芙在接近五十歲的時候寫過一本奇特的小說就叫《海浪》，這本小說共分九章，每章前面有一段抽象或寫景描寫，隨後由六個沒有姓氏的人物獨白。他們陳述的或

雨過天晴。

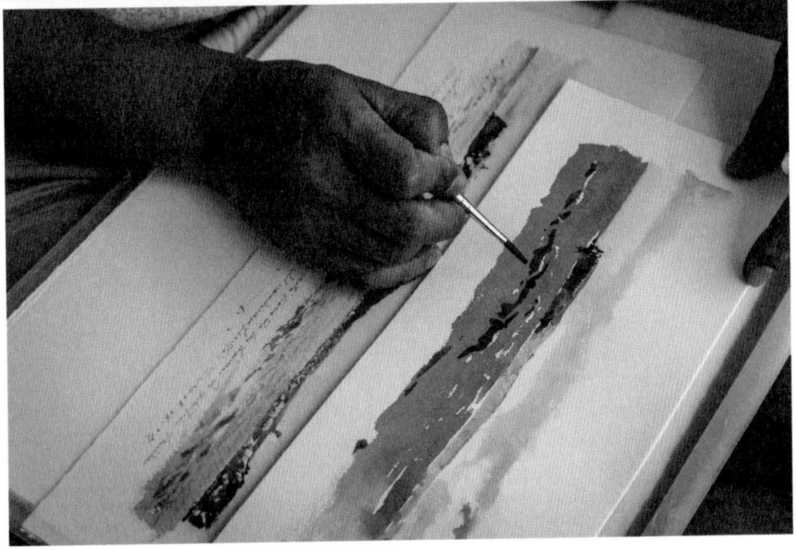

上：作家吳明益與畫家王傑。下：王傑筆下的海浪、島嶼和雲。

者是兒童、學生、中年、老人時期的心境。其中有一個確定的人物叫伯納德。伯納德的獨白放在第九章，像是總結式地將前面的所有獨白統整在一起。或者我們可以說，伯納德是風，是浪的共同起源。

這本小說當然多次描述了海浪，文字精彩得就像不可模仿的海浪本身。

吳爾芙在自殺後，她的丈夫將她葬於家中樹下，墓誌銘據說用的就是《海浪》的最後幾句話：「死亡啊，我要朝著你猛撲而去，絕不屈服，絕不投降。」

我不願說吳爾芙最後的選擇是一種投降，但她終究像所有的浪一樣，無論多麼巨大、特殊、偉岸，終究在浪高之後塌陷，濺成水花，形成漩渦，最終退回大海。

蒼白的黑色玄武岩

十點的時候我們停靠在東吉碼頭，與一艘當地觀光船「阿里巴巴號」並排，為的是接海洋國家公園的歐船長，與前海洋公民基金會執行長翁珍聖（里拉）上船。歐船長與翁先生，是前一天帶我們入港的陳盡川船長介紹來為我們解說當地狀況，以及帶領航道的。

上船後里拉拿著麥克風，在「小多」上層指出各島的垃圾問題都已經相當嚴重。澎湖自身製造的垃圾以及從臺灣、中國沿海來的海廢漂流物可能達到三千噸。里拉說從保麗龍的形狀，大致可以推敲來自何處，只是他認為，光是清除原有的垃圾是沒有用的，因為這些保麗龍還是會一直漂來。而腹地有限的澎湖，無論建垃圾掩埋廠或是焚化爐，恐怕也都會引起大爭議。

「小多」繞行在東吉嶼、西吉嶼之間，白色的保麗龍和黑色的玄武岩恰成對比。遊艇就在垃圾堆旁跟遊客解說藍洞以及可貴的地質。

澎湖南方四島堆積的海漂垃圾

我再次想起《從搖籃到搖籃》那本書，裡頭提到減少使用與製造當然是釜底抽薪的辦法，但最可能的還是用科技來解決科技帶來的問題。未來發明可降級回收使用，或取代保麗龍的可分解物質，才可能減緩這種趨勢。

而淨灘活動的辦理，並非是真的認為藉由淨灘可以將這些垃圾清理乾淨，而是參與者或許有可能因此改變自身的消費行為，或者環境觀點。換句話說，培養一群有環境觀點，或可溝通的人。

誰說這條航道不易遇到海豚？

當完成五個測點以後，我可以感到連船本身都疲累了。雖然海依然展現魅力，船上的人卻紛紛睡著。

沒有正式午餐的午後12點40分，突然上層的夥伴大喊「有海豚！」船上的人一下子就驚醒起來，大家都立即準備了身邊的攝影器材，奔向「小多」的兩側。

很短的時間就確認是瓶鼻海豚，一開始以為是三隻，隨後發現共有七隻。位於指揮塔的船長、洪亮和「黑潮」解說員宜蓉不斷喊著「三點鐘！七點！十二點十二點！五點鐘！船底船底！」我們則扛著裝備跑過來跑過去。

海豚似乎被花蓮來的「小多」吸引（陌生的引擎聲、陌生的震盪），在船的兩側嬉戲，從塔臺上傳來的訊息，其中雄海豚還伸出生殖器欲進行交配。船上每個人幾乎都是攝影師，金磊拿出水下 GoPro 錄影，簡毓群放出空中攝影機，Zola、東良和冠榮則各找據點拍攝，我則盯著嘗試進行水下錄音欣怡的動作。

瓶鼻海豚發出叫聲，但那聲音被「小多」怠速的引擎聲所掩蓋，欣怡於是要求船長試著熄火。結果一如預料，突然的安靜使得海豚喪失興趣，或者感到警戒，放棄與我們的交流往深海游去。

這個海域水深達到一百四十八米，水色卻透明得呈現寶石般的光澤。即便如此，對

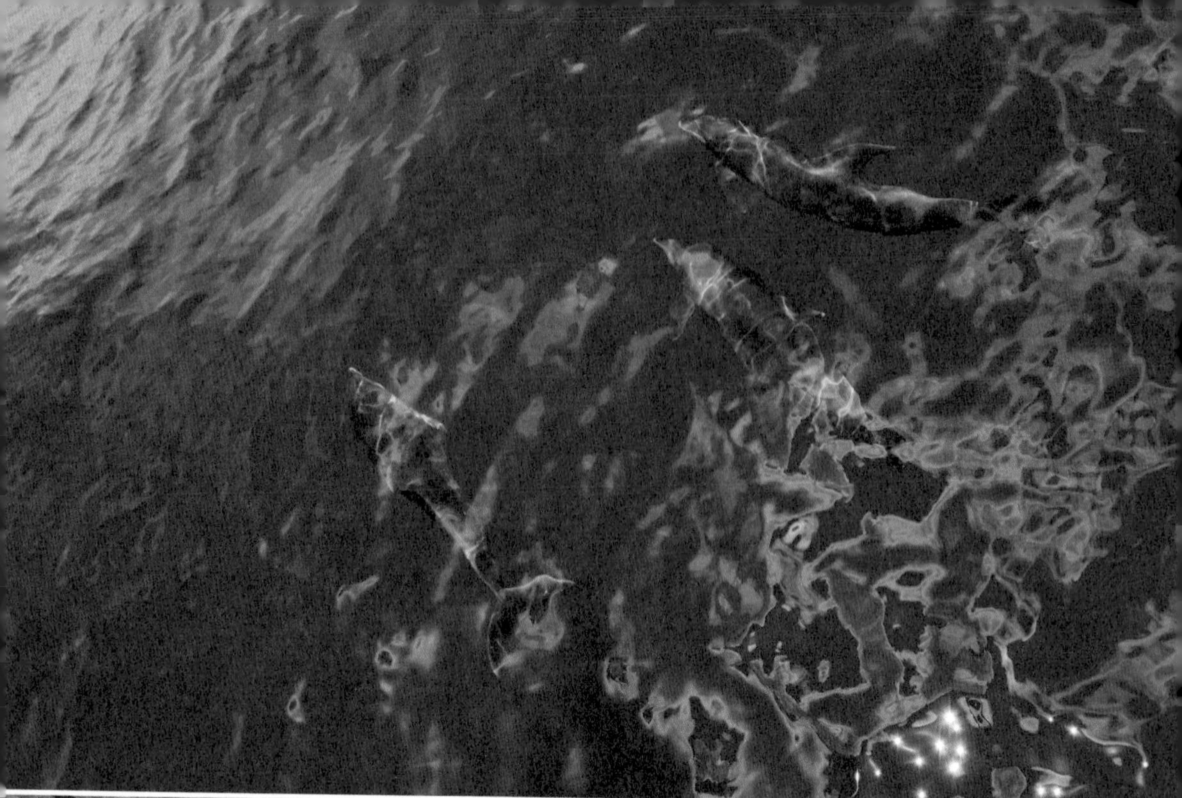

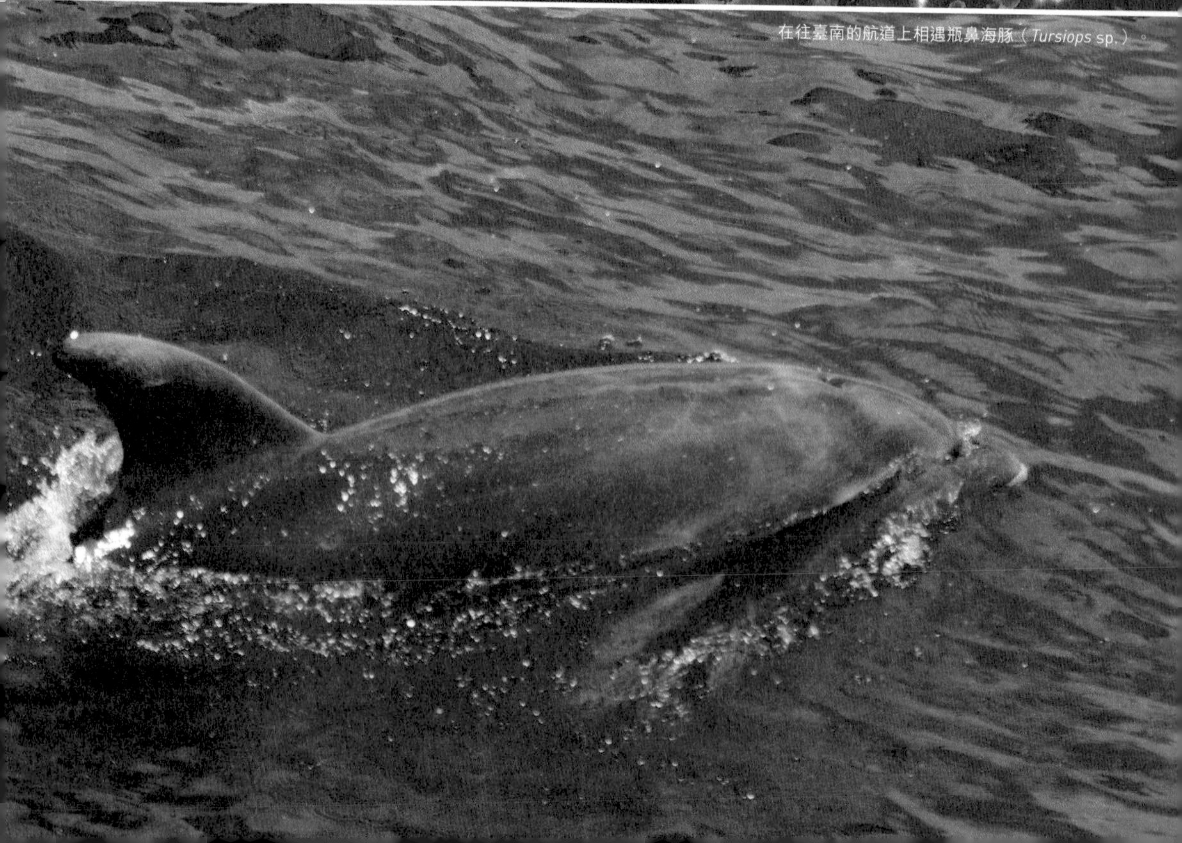

在往臺南的航道上相遇瓶鼻海豚（*Tursiops* sp.）。

人眼來說，十米下的水深就難以穿透。相對之下，聲音傳得更遠，即使不見鯨豚，也有可能透過哨音的接收確認牠們存在的事實。

不過這次海豚們安靜了下來，牠們可能在深海裡潛游，直到我們無法發現的時候再浮出水面。幾分鐘後，海豚再次出現，彷彿向「小多」道別一樣，行為不像之前的熱烈，逐漸游離。

因為遇見這群瓶鼻海豚，船上的團隊決定再做一個測點。因為水深、鹽度、離岸距離都是影響海豚棲息活動的因子，而就在這趟短航行裡，我們遇到了一群原本認為不會遇到的海豚。

海豚離開之後，我請教了欣怡一些海豚以及水下錄音的問題，她提到現在已經有研究者設置定點的收音器，做長期的水下聲音監測。只不過跟多數鳥種已能憑藉鳥聲辨別不同，目前能依收音判斷鯨豚的種類並不算多。一切仍待累積，就像那句海洋生態學家的老話：地球上本身就存在著一個內宇宙。

結束航程之後，欣怡傳了〈從海洋聲景探討中華白海豚的棲地特徵〉（作者是林子皓、Shane Guan、周蓮香）這篇論文給我，裡頭有許多觀點都讓我思考許久。

而在晚間會議裡，欣怡和金磊也討論今天所見恐怕仍是「真瓶鼻海豚」，並不是另一個族群的「印太瓶鼻海豚」，不過金磊認為從訊息有限的族群裡，實在很難論斷。只是無論如何，在疲累的旅程裡，與一群海豚在海上的相遇，就像在記憶區裡捺下印記。

我也想起，在海豚離開時，二樓的洪亮轉述船長的話說：為什麼吳老師看起來那麼冷靜？回程中我反覆想著這個問題，我是如何變成一個不太容易表露情緒的人？

這幾天觀察這些研究者在操作觀測時，總是非常耐煩地做著重複的工作。小八是那麼細心地一次又一次清洗 Manta（要是我一定草率了事），而欣怡和思瑩，總把那支水下錄音筆的防水外殼不厭其煩地拆了又裝，裝了又拆。

這當然就是科學的基本精神。不過在這過程裡，人的情緒與性格或許就被反覆、不可逾越的準繩綑綁，暫時將浪漫與激情覆以雪地般的理性。只是當受到召喚時，那底下的火星總是復燃快速，有時更顯熱烈。

不過我是一個寫作者。在我的閱讀經驗裡，那些傑出作家的作品一再提醒我的就是「節制」。我在想，會不會是因為文學的浪漫本質，是敗德的、帶著侵略性與任性的想像，因而節制才成為一種美德？

我沒有答案，所以留下問號。

黑潮島航 round 1

06/06

啟航 臺南安平漁港↓

抵港 高雄蚵仔寮漁港

海中的性．安平↓蚵仔寮．如果說還有什麼是有希望的

吳明益——文

港路邊緣的蚵棚架

前一天「小多」駛入安平舊港時，船長室傳來小小的憂心。一艘船能否平安進港，除了船長船員的經驗以外，港本身的條件也很重要。像是澎湖的港口外往往存在著當地人才熟知的暗礁，而安平漁港則是有令人意想不到的密集蚵棚架。

幸運的是，「小多」前方正好有一艘漁船入港，船長因此決定銜著它的行駛路徑入港。今天的航程較短，出海時已經是十點半了，我跑上船長室觀看出海的狀況，稍微先了解一下儀器的名稱，也從船長的角度觀看出港的畫面，以及兩周的棚架。

安平漁港的蚵棚並非合法的，光是去年就執行超過二十次的違法蚵棚勸導以及清除作業。不過我們入港出港，仍看到大量棚架，海上因而也漂浮著保麗龍和棚架的碎屑。安平漁港的棚架為何違法？除了影響航路以外，從臺南「漁港及近海管理所」發布的通知可以知道，附近水路長期監測的資料顯示，水體生化需氧量（BOD）、懸浮固體、濁度、硝酸鹽等水質數據並不佳，底質的重金屬鎳及鋅，也超出底泥品質指標下限值，因此養出來的蚵恐怕也不會健康。

臺南附近的牡蠣養殖採用的是浮棚養殖，蚵串垂直吊掛於蚵棚下，靠保麗龍或浮筒支撐浮力，每一個蚵架大約會使用十二到二十多個長方形的保麗龍，使用期限大約是三年。為延長保麗龍的使用，蚵農會刮除保麗龍上的附著生物，就會一起刮下大量的碎屑，漂浮海上。

滿布臺南近岸海面的蚵棚。

船長文龍小心翼翼地駛出港口後，不斷注意電子海圖以及水深探魚器的資訊，在船長旁邊協助他的是資深的「黑潮」人惠芳。惠芳是二〇〇三年「黑潮」遶島的成員，她也同時是這艘船上使用船員證的兩名船員之一，做事踏實認真，搭配經驗豐富的船長自是可信賴的。

「小多」是一艘CT—2漁船規格的商用賞鯨船，也就是說除了他們兩人以外我們都是「乘客」。持有船員證的人才能合法地執行船員的任務。

船出了外海，我向東良請教了關於船隻上作業船員規定的問題，他提到船員證並非是「考證照」的概念，比較像是取得一種身分。船員證的取得必須先經過政府相關單位的訓練，結束後取得結業證書，再拿著結業證書和船舶雇傭證明書去辦理。因此，船員證較重要的意義在於「職業身分」。

不過因為有許多釣客厭倦了商業海釣船單調的海釣方式與內容，為尋求釣獲更特殊的魚種或是經驗，他們也會去取得船員證，搭上漁船，某種程度算是「偽裝」成漁民的身分出海海釣。

為了遏止這種現象，政府因此試著規定取得船員證後的「出海執業」的天數，否則就會在五年後失效（第一年取證後，需要出海滿九十天，接下來的五年需要出海滿三百六十五天）。但事實上臺灣有不少兼職漁民（或半農半漁的漁民），因此也有些人無法達到這樣出海天數，而對這樣的制度表達抗議。

我想起在花蓮也有很多想取得農民身分的「偽農民」，他們的目的是參與農保，或取得蓋農舍的權利。這兩件事雖然無法類比，但一樣具有荒謬性。

《海裡的那檔子事》

蚵棚為什麼要以這樣的構造來設立？雖然沒有經過科學研究，但早期養蚵人敏銳地觀察到牡蠣的繁殖行為，才得以想出這樣的方法讓蚵苗依附其上。

生態學家瑪樂・哈德特（Marah J. Hardt）寫過一本有趣又具有深度的書叫《海裡的

蚵棚架與標誌用浮具。

那檔子事》（*Sex in the Sea*），這本讓人臉紅的書談了海洋生物的性事，從約會、圓房到高潮過後的變化無一遺漏。

很少人在夜市吃蚵仔煎的時候會想到牡蠣如何繁殖，大概是牠們如此不起眼，甚至部分動物倫理學家都認為是不必在意其「痛苦」的物種。事實上牡蠣是一種奇妙的生物，在繁殖季節裡，牡蠣會噴射無數精子與卵子到海中，讓它們與鄰居牡蠣的配子混合在一起。對於無法移動的牡蠣來說，鄰居的性別顯然很重要。

因為無法移動，許多種類的牡蠣都有變性的能力，以利繁殖。書裡提到牡蠣專家哈定（Juliana Harding）指出，如果你的鄰居都是雄性，你一直釋放精子意義何在？而又或者如果你的鄰居都正在轉換性別，那麼你轉換性別做什麼呢？

她發現牡蠣絕妙的能力就是，能依化學線索判斷周遭牡蠣是什麼性別，以便計算變性是否合理以及何時該變。

哈定說牡蠣釋出的化學訊號不但是變性與否的資訊，還是整片礁岩的「呼喊與回

廢棄棚架造成的沿岸汙染。

應」，當牠們接收到另一端成熟牡蠣發出的信號，也會回應自己收到訊息，可以將配子發射出去了。

由於牡蠣不能移動，牠們得仰賴潮汐來推送精卵，並且喜歡黃昏或清晨釋放配子，因為那些掠食者的視線較差，牠們的子孫就多一分寄望。當牠們的精卵相合之後，孵化出的微小牡蠣苗會從水面下落，附著在「祖先」（也就是牡蠣殼）的上面成長。

聰明的漁民或許沒有目睹過海中牡蠣的成長過程，卻知道如何「採苗」。他們會用牡蠣殼中間打孔，用塑膠繩將串連成串，垂掛於採苗區距海底約一公尺處，讓牡蠣的幼苗依附其上，再將其分開成蚵串養殖（為了均勻生長）。這也就是「種」牡蠣。

海洋裡的性事並非都像牡蠣這般不可見，還是有許多有身體接觸的性行為。昨天我們在遭遇瓶鼻海豚時，就目睹了雄海豚伸出牠的生殖器。事實上這對海豚來說是很常見的事，也未必是真的在交配。

雄性鯨豚的陰莖，是由一根組織索來支撐的，既能堅挺又有彈性，可以做到即時的勃起（這點遠勝於人類）。這種彈性也能讓交配器官彎曲，並且伸得很長，對在海中不斷游動的鯨豚來說很有用。

海豚交配並非純粹為了繁殖，跟矮黑猩猩一樣，牠們的性交可能是為了運動、為了好玩，或者是建立社會關係、維護階級。部分種類雄海豚會和其他雄性海豚進行性行為，是為了建立堅強的盟友關係，成群結黨，合力追逐雌海豚與之交配。

瑪樂寫道，許多研究發現雄海豚發情時幾乎是有洞就插，誰在就插誰，雄性之間也會經由肛門進行性行為。海豚的性姿勢也很多樣，即使射精只需要幾秒鐘，但牠們卻會花上半個鐘頭嬉戲。

從事生態保育，最核心的就是關心生物的性與繁殖。只有成功的繁殖才能對抗滅絕，對抗人類對環境的傷害。正如瑪樂所說，「大海是一頭性感的猛獸」，地球上的生物無不受繁殖驅動慾望，也因為這樣的能量，使她對生物的延續帶著希望。

在介紹過無數奇妙的海洋生物繁殖方式後，瑪樂在書的最後寫道：「我們的機會和責任，就在於確保這份永續的潛力（指繁殖）能夠成為事實。所有的原料都還在。縱使有那麼多威脅，至少，現在珊瑚還在產卵。如果說還有什麼是有希望的，非此莫屬。」

直覺牠們

今天觀測組選擇的測點都是出海口，原因在人口密集的西岸，出海口常是最多垃圾聚集的地方。出海口容易看出城市文明對於大海的冒犯。

10點56分，我們在曾文溪出海口進行第一個測點（水深12.5米），11點50分，在安平新港外進行第二個測點（水深16.7米），第三個測點是知名的二仁溪出海口，時間已是午後的12點26分。

「二仁溪」這個名字在我腦中印象很深，不是因為教科書的關係，而是在我年輕的時候讀過一本小說叫《廢五金少年的偉大夢想》，是描寫一群被這社會視為廢五金、破銅爛鐵的少年。後來我知道，臺灣處理廢五金付出了多大的河川汙染代價，其中最嚴重的便是二仁溪。

在二仁溪出海口，我拿出PeakFinder，北大武山出現在船頭的方向，資訊顯示，「小多」距離這座南臺灣聖山有七十一公里。我拿起長鏡頭，想從海上補捉這座我前陣子為了寫小說才去爬過的美麗山脈。

在「小多」上作業，你會發現我們最常做的動作就是「舉起相機」，當你拍攝別人的時候，另一個人可能正在拍你。數位攝影的進展，徹底地改變了人的社交與建立記憶的方式。

但在生態研究上，攝影的進展也是科學研究得以突破性進展的主要原因。能以較低成本長時間記錄生態變化，即時影像、縮時、微距、望遠攝影的技術不斷成長，替人類省去觀測的體力以及肉體的限制，使得解謎變得更有希望。

上：Manta trawl。中：Manta trawl尾端收集塑膠微粒的網袋。
下：每到測點即下水拖行採樣。

上：以人力反覆操作下網、起網。中：每個測點加入酒精固定和標示的樣本罐。
下：仔細端詳海中撈到的微觀世界。

「小多」上最常舉起相機的人，當然是全程記錄的簡毓群導演，和攝影裝備可能和她體重等重的水下攝影師 Zola。而東良、冠榮也幾乎相機不離身。至於臺灣傑出的水下攝影師金磊，則常常把相機伸入水中。

金磊在和 Zola 聊天時，談到他不太用平衡器，這使得我產生了興趣而追問。他說在船上待久了，發現自己會跟船一起律動，平衡器往往無法處理突如其來的垂直震動，但他已經訓練出一種直覺，知道船什麼時候即將震動。

「身體就是最好的平衡器。」

我問他那麼潛水拍攝大型鯨的時候呢？也許機會只有一次，大海那麼大，怎麼去判斷該游到哪裡，選擇光線與拍攝角度？

金磊說鯨是高智慧生物，因此個體的友善與否，和牠們的行為模式，將會影響攝影判斷。

就像小孩子有時殘忍輕易地拆掉甲蟲的腳一樣，鯨也有瞬間奪去你性命的能力。當一頭鯨願意讓你待在牠的身旁時，你就有機會繞到牠的身後去。在海中你擁有三百六十度運動的可能性，但關鍵點在你當時的直覺判斷，當然直覺判斷是攝影師不斷自我訓練的結果。

我說我也是這麼想的。生態攝影絕對不是拍到生物而已，在拍攝之前要先認識這種生物的習性，像追求心儀的對象一樣，你要知道對方出現的路徑，才有製造機會的可能性。談過戀愛的人就知道，並沒有「不費力、不費心」的戀愛，自然也沒有不費心力的生態攝影。

做為一個傑出的攝影師，金磊的直覺一定來自鍛練，它也同時是一種情感訓練。「直覺牠們」，而不是強迫牠們，才是生態攝影師的箴言吧。

就在我與金磊談話的十分鐘裡，王傑老師畫好了他的速寫。簡直就像按下快門一樣。

一群海人的藍色曠野巡禮

黑潮島航

BEYOND THE BLUE

KUROSHIO'S VOYAGE

吳明益、張卉君等｜著

黑潮海洋文教基金會｜策劃

藝敵藝友——現代藝術史上四對大師間的愛恨情仇

佛洛伊德×培根／竇加×馬內／馬諦斯×畢卡索／波拉克×德・庫寧

四對現代藝術大師之間，複雜難解的瑜亮情結＆八卦祕辛！

姚瑞中（國家文化藝術基金會董事、師大美術系副教授）

黃亞紀（Each Modern 亞紀畫廊負責人）

謝佩霓（國際藝評人協會台灣分會 理事長）

謝哲青（作家、節目主持人）——**著迷推薦**

當可遇不可求的珍貴知音亦是自己最強勁的對手時，會產生什麼樣的化學變化？普立茲獎得主・藝術評論家賽巴斯欽・斯密，以充沛智慧和心理學洞見，細膩書寫正統西洋藝術史不曾探究過的、大藝術家之間複雜深刻的關係面向。

現代藝術史上名聞遐邇的大師——佛洛伊德和培根、馬內和竇加、馬蒂斯和畢卡索、波拉克和德・庫寧——之間的友誼、背叛和突破。

佛洛伊德×培根

佛洛伊德因受培根影響、改變畫風，直到年過六十才受到國際矚目。曾要好到天天見面的兩人卻因故鬧翻，佛洛伊德仍將培根的畫作長掛家中，五十年來都不同意出借展覽，只有一次破例，意味著什麼？

竇加×馬內

竇加替好友馬內夫婦畫了幅肖像畫，但沒多久馬內便把畫割壞了，原因無人知曉。而後人在竇加死後發現他將這幅畫收回來試圖修復，還收藏了八十多件馬內作品（但馬內沒有收藏任何一件竇加的作品）。這是什麼樣的心情？

馬諦斯×畢卡索

若非這兩位天才的競爭，立體派也不會誕生。畢卡索長年保留兩人早期交換的畫作，卻樂於讓友人把馬諦斯畫的女兒肖像當成箭靶，究竟是什麼心態？

波拉克×德・庫寧

在波拉克的葬禮上，德・庫寧是最後離開的人。但在波拉克死後不到一年，德・庫寧卻和這位已逝對手的女友成爲戀人，是否爲了證明什麼？

作者　賽巴斯欽・斯密（Sebastian Smee）

澳洲藝術評論家。自2008年起爲《波士頓環球報》撰寫藝術評論，於2011年獲得普立茲評論獎。曾在英國居住，替《每日電訊報》、《衛報》寫稿，和藝術家盧西安・佛洛伊德結識。現爲《華盛頓郵報》藝術評論家，任教於衛斯理學院教授非虛構寫作。

大塊文化新書推薦

吞下宇宙的男孩

在那個被神遺忘的角落，有著透亮眼睛與老靈魂的男孩
從一段不可思議的友情，展開想像力無垠的冒險旅程

胡培菱（外文書書評人）、**騷夏**（詩人）、**丁耕原**（臨床心理師）
——溫暖推薦

- ◆2019「澳洲圖書產業獎」年度好書、文學小說、有聲書、新人作家獎
- ◆2019澳洲獨立圖書獎首獎
- ◆2019年4月美國亞馬遜書店編輯選書
- ◆2019年6月歐普拉雜誌推薦海灘度假讀物

男孩埃利．貝爾與哥哥奧古斯特，住在澳洲布里斯本郊區。那裡聚集波蘭與越南難民；那裡的媽媽經常有黑眼圈，因爲爸爸喝酒後會打人；那裡的大人會突然消失；那裡毒品氾濫；那裡沒有埃利嚮往的小巷盡頭……那裡彷彿被全世界遺棄。

埃利最要好的朋友「瘦皮猴」，是謀殺罪的重刑犯，因爲越獄而成爲傳奇人物。瘦皮猴教埃利如何觀察事物，運用想像力來闖過生活中的難關。奧古斯特不說話，他只伸手在空中寫字，用眼神與肢體動作示意，因爲不說話可以知道更多事。無眠的夜裡，奧古斯特會帶著埃利在地面灑水，欣賞月亮在水中的倒影。這時候，彷彿月亮被收在「月池」中；而兄弟倆就是能隨著想像力馳騁，吞下宇宙的男孩。雖然埃利擁有老靈魂和成年人的心智，也學習當個好人，但是生活不斷朝他的人生道路拋擲障礙物：毒梟在某天夜裡侵入他家，帶走他最深愛的萊爾，並串通警察逮捕媽媽；這一夜，埃利還失去一根手指，兄弟倆今後只能跟酒鬼生父住在一起……

《吞下宇宙的男孩》深刻描寫澳洲中下階層無以爲繼的生活困境，將殘酷的現實做了正向的轉化，帶點詩意，帶點幻想。埃利與奧古斯特的成長故事是苦中作樂的生命冒險，他們將經歷的各種創傷轉變成生命的養分，來保持對生命的熱愛。

作者 川特．戴爾頓（Trent Dalton）

知名記者、編劇。四度贏得澳洲國家新聞獎的年度特別報導記者獎，2011年獲號角獎（Clarion Awards）提名爲昆士蘭年度最佳記者，並兩度獲澳洲聯合國協會媒體和平獎的提名。2011年出版《繞道而行：來自街頭的故事》，以《葛倫．歐文．達茲》（Glenn Owen Dodds）獲得2010年澳洲電影協會最佳短片劇本獎的提名。

定價560元

黑潮島航——一群海人的藍色曠野巡禮

吳明益×黑潮海洋文教基金會，寫給下個世代的藍色國土備忘錄

一趟融合科學家之眼、文學家之筆，及航海家氣魄的島航壯遊

林懷民（雲門舞集創辦人）、林冠廷（台客劇場導演）、李根政（地球公民基金會執行長）、邵廣昭（黑潮基金會董事）、柯一正（導演）、柯金源（公共電視新聞部製作人）、徐承堉（湧升海洋創辦人）、夏曼・藍波安（海洋文學家）、童子賢（和碩聯合科技董事長）——護海推薦

過了這些年，我們身邊的海域和地景發生了什麼樣的變化？「黑潮島航」是距離15年前的「福爾摩沙遶島」行動，再次對臺灣海域的總體檢。

湛藍水面之下是鯨豚及各種海洋生物的家，當陸域的過度開發、空氣汙染、垃圾和缺乏管制的漁撈行爲造成海中生態系統的崩毀：棲地喪失、誤捕混獲使野外族群的存續受到威脅，甚至面臨滅絕的危機……對於臺灣周遭「藍色國土」現況的擔憂與焦慮，就這樣伴隨著十多年來如影隨形的遶島傳說，讓「黑潮人」決定順應來自海洋的深切召喚，再一次策劃了島嶼航行的壯遊行動。

《黑潮島航》由吳明益、張卉君等具影響力作家、攝影家、插畫家合著，耗費16天環繞臺灣海域，以獨特的航行日誌形式，書寫對於海洋、生態和島嶼深度省思。

——吳明益

華大學華文文學系教授。六度獲《中國時報》「開卷」年度十大好書，《Time ing》「百年來最佳中文小說」等獎項。作品入圍曼布克國際獎。

洋文教基金會執行長、海上鯨豚解說員。

所畢業，黑潮海洋文教基金會的解說員以及蘇帆海洋文化藝術基金會的東華大學兼任講師。參與部分編採、攝影提供。

基金會（Kuroshio Ocean Education Foundation，KOEF）

灣第一個以「海洋」爲內涵的非政府非營利環境組織，最初以鯨豚多年來以「關懷臺灣海洋環境、生態與文化」爲核心理念，耕耘海科學調查，期待透過各類型海洋環境教育傳達並實踐保育理念，識，進而守護環抱我們的美麗海洋。

光明之城，惡毒之城

法國凡爾賽宮版《甄嬛傳》

太陽王路易十四親手焚毀的真實宮鬥醜聞

蕭宇辰（「臺灣吧」、「故事：寫給所有人的歷史」共同創辦人）、謝哲青（作家、節目主持人）、謝金魚（歷史作家）、謝珮琪（旅法譯者、「以身嚐法。法國迷航的瞬間」臉書版主）——狠讀推薦

四年偵查，210次開庭，442人受審，218人入獄，28人終身監禁，34人死刑，逾800頁警監筆記，超過2,500具嬰兒屍體，上千份司法記錄……十七世紀末法國巴黎，兩位官員接連死於非命。臨危受命的警察總監尼可拉・德・拉黑尼，大刀闊斧整頓治安，以街燈驅逐暗夜的罪惡，爲巴黎贏得「光明之城」的美稱。追查著巫術與毒殺案件，警監鐵腕寸寸深入虎穴，揪出產婆、女巫、毒師、神父交織成的網羅。拉黑尼循線向前，從堆滿嬰屍與毒藥的破屋，穿過貴族門第，探進朝廷大堂，最後竟直逼太陽王寢宮。侯爵夫人到底有沒有毒殺父親與手足？國王的弟媳兼舊愛是病死還被毒死？路易的首席情婦是否涉嫌以春藥蠱惑君王，用毒藥排除異己？男歡女愛、爭權爭位、利益糾葛——拉黑尼是否能從人欲橫流的漩渦中打撈出惡毒的眞相？

雖然相關資料早已被路易十四親手焚毀，但作者荷莉・塔克仍尋得殘存的法庭記錄與拉黑尼的詳盡筆記，耗時多年研究，揭發太陽王亟欲隱藏的醜聞。她以生動的筆觸引領讀者隨警監的腳步，踏入暗影重重的巴黎、王室廳堂、祕密法庭與拷問審訊室……

謹告讀者：無論本書描繪的事件有多黑暗、詭異、殘酷，縱使人心歹毒令人難以置信，本書所載一言一行絕無虛構！

作者　荷莉・塔克（Holly Tucker）

生活於美國及法國。現任范德比爾特大學（Vanderbilt University）教授，同時受聘於生物醫學倫理與社會中心、法文與義大利文系，目前亦擔任梅隆基金會（Mellon Foundation）人文計畫主席。塔克專研近代早期文學與醫學交集，在校教授醫學、文學、文化相關課程。其作品廣受好評，著有《Pregnant Fiction》、《血之祕史》，曾獲多項出版大獎。

定價450元

【跟一行禪師過日常】怎麼吵

以溫柔、慈悲、正念來同理與傾聽他人
陪你找到轉化怒氣，從痛苦中解脫，步向自我療癒的幸福解方

當我們深深看進自己的憤怒，就會看到我們的「仇人」也在受苦。

《怎麼吵》是【跟一行禪師過日常】系列的第六本。

本書主張透過覺察力，還有對自己和他人的仁慈之心，學習去鬆綁我們與憤怒、依賴、妄想帶來的束縛。一行禪師以清晰的理路、慈悲的感染力及幽默感，指出我們一般人在生氣、挫折、失望、錯覺的情境中，是如何反應。同時介紹切實的方法，來轉化我們的想望與困惑。書末「和平與和解的練習」列出實際可行的步驟，讓你感受何謂「苦他人之苦，減少無謂的紛爭」。

一行禪師的方法非常直觀，從聆聽、感受下手，講的是一般人都能體會、理解的方法。提供簡單明瞭的指導，任何想要探索正念禪修的人都能深受啓發。尤其是被忙碌生活節奏拉著走的都市人，更能在一切回歸簡單的過程中，找到自己，碰觸生命的肌理，實實在在感受生活的喜悅。如果人人都學會善待自己的痛苦經驗，就能幫助其他人跨越類似的障礙，讓世界更美好。

▲繁體中文版佐以台灣知名插畫家王春子的作品，陪你重新體驗「吵與和」的單純與美好。

作者　一行禪師（Thich Nhat Hanh）

1926年生於越南，16歲在慈孝寺出家，1949年受具足戒，爲臨濟禪宗第四十二代、越南了觀禪師第八代傳人。1960年赴美普林斯頓大學研讀比較宗教學，並於哥倫比亞大學、康乃爾大學講學。持續推動反戰運動。1967年，美國黑人民權領袖馬丁・路德・金恩提名他角逐諾貝爾和平獎。1973年越南政府取消他的護照，自此離開越南，流亡法國。目前住在法國南部的禪修中心「梅村」（一九八二年創立），由僧俗弟子協助到世界各地帶領禪修活動，宣揚正念生活的藝術。對一行禪師的禪法有興趣者，請洽：亞洲應用佛學院（Asian Institute of Applied Buddhism）以一行禪師及梅村承傳的應用佛學及修習中心http://pvfhk.org/

定價160元

韓國人氣獸醫師教你如何幫毛小孩正確飲食

專業營養師＋人氣獸醫師的貼心小叮嚀
全球最新毛小孩食品安全概論！

徐康文（首爾大學獸醫學院院長）、**李繼忠**（台灣大學附設動物醫院腫瘤治療中心主任）、**劉金鳴**（台灣大學附設動物醫院外科主治獸醫師）、**獸醫老韓——專文推薦**

全亞洲唯一營養專業獸醫師、韓國人氣獸醫師，不藏私分享！
看診常見案例＋毛小孩寵物飲食全面剖析

◎貓與狗的飲食要怎麼安排才好
◎貓就是肉食性動物，吃肉是最好嗎？
◎大蒜是不是眞的那麼恐怖？
◎有機或無穀飼料等於安心健康的保障？
◎毛小孩吃鮮食眞的最健康嗎？

全亞洲唯一同時擁有人類營養學碩士的韓國人氣獸醫師兼暢銷作家，科學脈診發明者、《氣的樂章》作者王唯工教授之女——王恬中，第一本華文寵物養育及營養書籍。

本書以嶄新、實用的觀點教授正確寵物營養學，結合其成長的科學中[…]景，用國際性的思考破解寵物飲食的沉痾觀念，從乾飼料、零食[…]生食、寵物營養品，多方面著手分析，破解毛小孩過敏、慢性[…]困擾，寫出讓所有深愛毛小孩的飼主，日常最實用的萬用食[…]些在網路上衆說紛紜的答案，藉由這本書，都有最新最[…]答。

作者　王恬中（Dr.Tammie）

王恬中爲王唯工教授的小女兒，自小即跟著父親[…]理論」實驗。台灣大學農化系畢業後即赴美國[…]美國USDA研究院研究員，專攻癌症與食品[…]間一圓夢想取得韓國首爾大學獸醫學系[…]專業獸醫師，多年跨國食品公司營養[…]養學顧問，亦是韓國Dr. Tammie Nutrition[…]讀中，希望能透過專業所能幫助更多人透[…]出版過一本書《寵物營養學》，被多間學校[…]教你如何幫毛小孩正確飲食》已同時販售出韓國[…]

定價380元

■大塊文化保留所有出版訊息更動之權利

發現海上垃圾帶。

我們遇到的一段垃圾濃湯

13點42分，接近後勁溪出海口前，我們發現海上的漂流物變多了。幾隻鳳頭燕鷗站在漂浮的保麗龍上（正是蚵架的保麗龍），偶爾低飛到海上垃圾的聚集處尋找食物。由於可見的垃圾漂流物實在太多，檢測人員決定在這裡採樣。塑膠袋、手套、泡麵、繩索、保特瓶、保利達B空瓶不斷在我們面前漂流而過，形成一條細細的海中垃圾流。

我在寫作《複眼人》的時候，正是海上垃圾的議題開始發酵的初期，在缺乏深入研究的狀況下，有些科學家推測海上會有垃圾形成的漂流島嶼，這也成為我小說的構想來源。不過經過這些年，科學家知道這些垃圾渦流更像是一鍋「濃湯」，裡面漂浮著無數被海浪擊碎、陽光照射後劣化，產生質變的塑膠微粒。這些微粒進了海洋生物的肚子裡，如何理解它們造成的影響，是這一代科學家的重要課題。

而我們看到的正是因為沿岸流或其他因素形成的聚集現象，在這一次Manta的施放後，撈起了一整袋的實體垃圾，和極為濃稠的微粒。

密集聚流於潮界上的垃圾帶。

矛盾的是，我們目睹這局部的海上垃圾之流竟有那麼一絲絲的興奮之感。我為那興奮之感覺得愧疚，隨著船身的搖晃前行，我不斷在心底質問著自己，直到終於找到回應自己的方式才感到釋然。

這或許就像醫療人員終於目睹病灶線索的興奮吧？那興奮並非是「病灶確實存在」的幸災樂禍，而是一種短暫自我對話的激情而已。因為終會有下一波的問題海嘯淹沒你。（該怎麼做？能做什麼？往哪裡去？）

就像每回我完成一篇小說，總會有短暫的興奮，而後終究又會出現一種深沉的茫然。因為你知道路還很長，拿著一把鏟子是到不了地心的。

但你又會想起像瑪樂那般樂觀主義式的自我鼓舞，我們得相信大海（她是一頭多麼美麗的性感猛獸），我們得相信北大武。我們得相信自己明天還有做同樣事的能力與氣力（不管是拋擲取樣水桶、放出Manta、提筆寫作、畫圖或按下快門，或擦去「小多」船身上的鹽）。

「如果說還有什麼是有希望的，非此莫屬。」

黑潮島航 round 1

06/07

啟航 高雄蚵仔寮漁港↓

抵港 小琉球白沙漁港

鹽・蚵仔寮↓小琉球・那隻吹動微風的鳥

吳明益——文

鹽與鹽的氣質

當「小多」靠港蚵仔寮，等待海巡清點人數，加水打冰的空檔，惠芳發給了我們抹布，說船長希望我們幫忙把船鐵質部分的鹽擦掉。我今天已注意到這件事，幾天航程下來，打上船身的浪，不斷被陽光曬乾後，留下一層薄鹽。每次靠上扶手，深色的衣服就會沾上鹽花。

一位夥伴邊擦邊開玩笑地說，早知道早上就不用吃鹽啦，把欄杆刮一刮就有了。

這次遶島行程裡，船上有兩位醫護人員阿甘（黑鯨咖啡的老闆，曾擔任過護理師）與徐子恒醫師。每天船行不久，他們就會發給我們每人一個裡面裝了鹽的膠囊，有時還帶著水，看著我們吞下。這是預防我們在炎熱的氣候裡，不知不覺中暑或電解質失衡。

如果你曾經大量流汗，就會感到身體渴求鹽分。我母親煮菜向來「重鹹」，那是因為她師父是我外婆，而我外婆當時得煮菜給務農又是漁民的外公吃，他從事的正是大量流汗的工作。我外公的工作養鈍了我母親的舌頭，直到如今，吃飯時她都會突如其來地問一句：「傷汫（tsiánn，淡的意思）否？」

有一派學者認為，人類和許多生物一樣從海洋生物演化而來，因此至今我們血液都和海水一樣帶有鹹味，甚至連鈉、鉀、鈣等元素的含量比例都幾乎相同。我們身上的循環系統留著海水的遺跡。鹽能調節人體水分、維持細胞內外的滲透壓，和酸鹼的平衡，曾經鹽可以影響一個帝國，打通一條路，創造一個航道。

但身體裡的鹽劑量過高可是會致命的，海洋生物生活在充滿鹽分的環境裡，得演化出排除過量鹽分的機制。我們一直期待在往小琉球路上能看見的海龜，能從淚腺排除鹽分，許多淡鹹水交界的植物根系都有過濾作用，不會吸收過量的鹽到樹體之內。在我居住的紅樹林裡有許多彈塗魚，據研究牠們演化出巨大的嘴巴、咽喉以及上下顎，用意在於增加呼吸的表面積，當牠們離水的時候，嘴裡都含有空氣泡。這空氣泡不但像潛水夫的水肺一樣讓牠們可以短暫陸棲生活，當高鹽、低氧的海水淹過洞穴時，牠們還能躲在其中，靠氣泡存活。

這一兩年我如果帶學生去山上，也都會隨身帶著「鹽糖」，日本產的鹽糖常常有學生吃完了又來要，簡直當成零嘴了。

有趣的是，這趟我們是航行在絕不缺鹽的海洋之上，還是得吃膠囊來補鹽。因為海水裡有太多不可預期，可能會傷害我們身體的元素。

拿著抹布擦著「小多」身上的鹽，我想的卻是另一件事。我舉起手，拉起衣服，想要嗅聞自己身上是否帶著「鹽味」。但連日出海，嗅覺似乎漸漸鈍了。我並不排斥身上有鹽味，住在花蓮，偶爾會遇到常出海的漁民或是像「黑潮」的朋友，我總覺得他們身上有一種鹽味，那並不是返回陸地後沒有清洗乾淨的味道，而是一種氣質。一種粗獷、不拘泥、不掩飾，能溶入水中毫無形跡，卻飽含能量的氣質。

那隻吹動微風的鳥

清晨6點14分，「小多」受檢出海以後，我感受到自己處於一種低迷的狀態。大概就是連日心裡的壓抑，以及睡眠不足，逐漸堵塞了哪裡。書算是還讀得下去，卻無心觀察島嶼。不久船穿過列陣等待入港的巨大商船，它們留下航路靜止地停在大海上，顯得堅強巨大，但那只是假象。到目前為止，人類創造的所有機械，在大海面前都一樣脆弱。

上：海上回望高雄市地景。下：高雄外海滿布的大型船隻。

這段路幾乎都只看得到沿岸的煙囪。已經有很多研究顯示，景觀影響人的情緒，天氣也影響人的情緒。我有一種錯覺，島民的情緒和島上的霧霾，似乎糾纏不可分割。

正當我逐漸被疲憊感腐蝕活力時，夥伴們發現了大量的海上油汙。說是油汙並不準確，因為油汙會漂浮在大海表層，並且形成彩色反光。但我們看到蔓延海上的褐色泡沫，有伙伴說更像奶昔、咖啡上的奶泡，只是散發著難以具體陳述的惡臭。

冠榮打撈了一水桶的油汙上來，嗅聞了一下，露出嫌惡的表情。在討論中，有人認為那更像是類似有機質的汙染（比方說豬糞或其他）。但光這樣討論是不會有結果的，我們把它裝進罐子裡，準備送交有關單位化驗。

回頭看向船尾，那泡沫在海上蜿蜒如河，倒映著我們的影子，卻有一種難以言喻的不適感。

當我們看到漂流垃圾、可見塑膠或是油汙滿布海上時，通常想到的是人類捕食的魚類是否遭到汙染。事實上這類汙染能摧毀的是更根本的，海洋的生育力量。

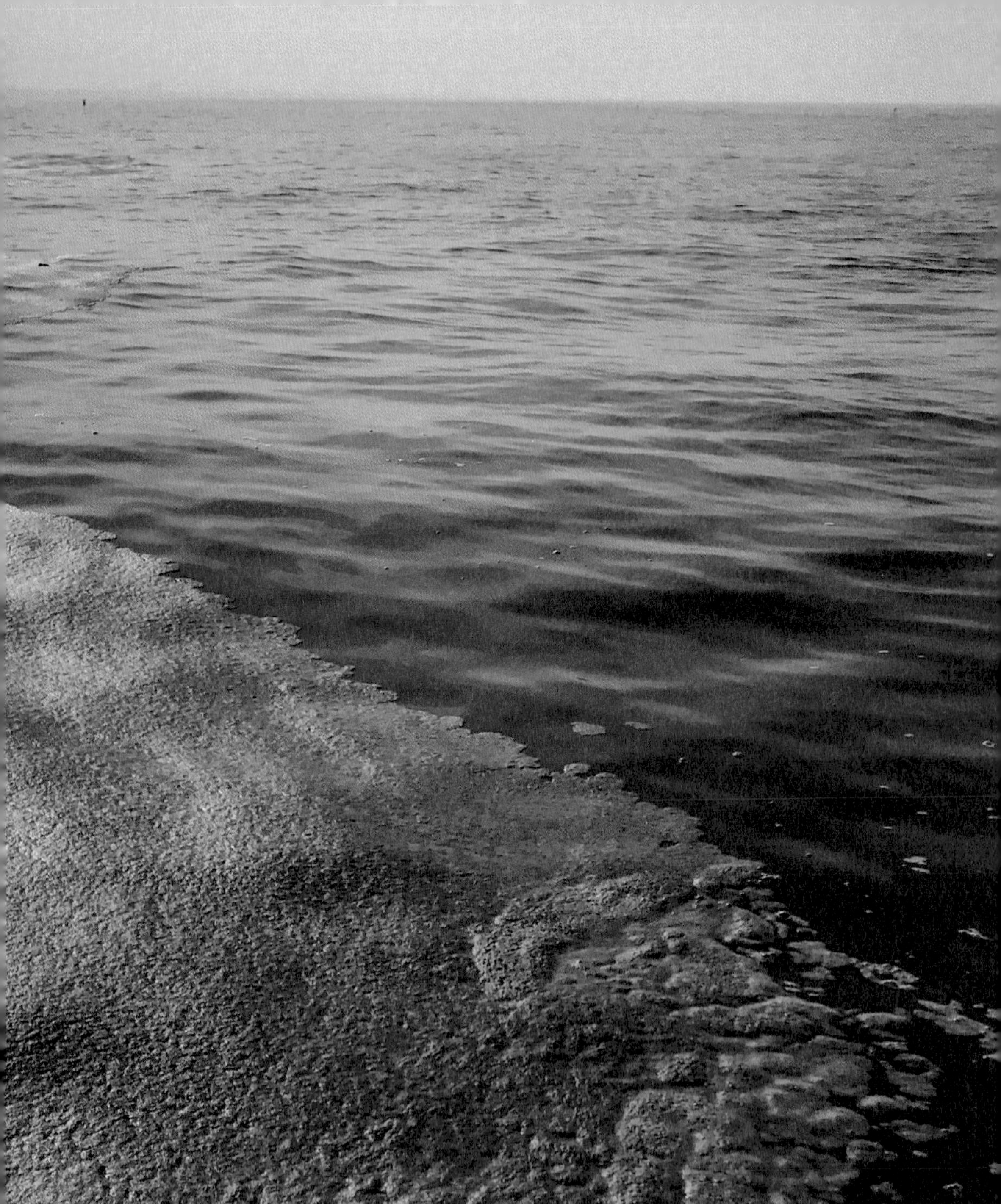

高雄紅毛港外海的海洋汙染，泡沫潮界含超標的酚。

二〇一四年我到柏克萊的亞洲研究中心演講《複眼人》時，他們找了海洋研究中心的艾瑞克．哈吉（Eric Hartge）博士與我對談。（我過去寫文章提過）哈吉的研究領域是「海洋酸化」（Ocean Acidification），他把這個議題跟海嘯合在一起談，認為暖化、酸化的現象，未來很可能與洪災、海嘯產生關聯。

另一方面，酸化也和生態環境密切相關。他舉例說「蝛螺屬」（*Limacina*）中的有殼翼足類，在成長過程中，殼往往因為海水酸化而導致發育不全，即使只是微小的變動都會造成牠們的殼溶解而無法順利長成。由於翼足類是魚類的重要食物，如此一來便造成魚類的糧食荒。

後來我又讀到生態學家瑪樂．哈德特提到橈足類（Copepods）生物（是細小的甲殼類動物，海洋與淡水都有分布，是海洋中重要的蛋白質來源），在繁殖時會特別聚集在不同溫度、鹽度或海洋環流造成的邊界區域。這薄薄的區域較能保持靜止，讓橈足類的雌性得以留下性訊息。人類難以想像水的微細變化對牠們的生存造成多大的威脅，那是因為人類的感官只可能偵測出最極端的溫水與冷水、或是淡水與鹹水之間的反差，但是橈足類對水的感覺，卻如同我們對不同材質的布料的感覺。「對

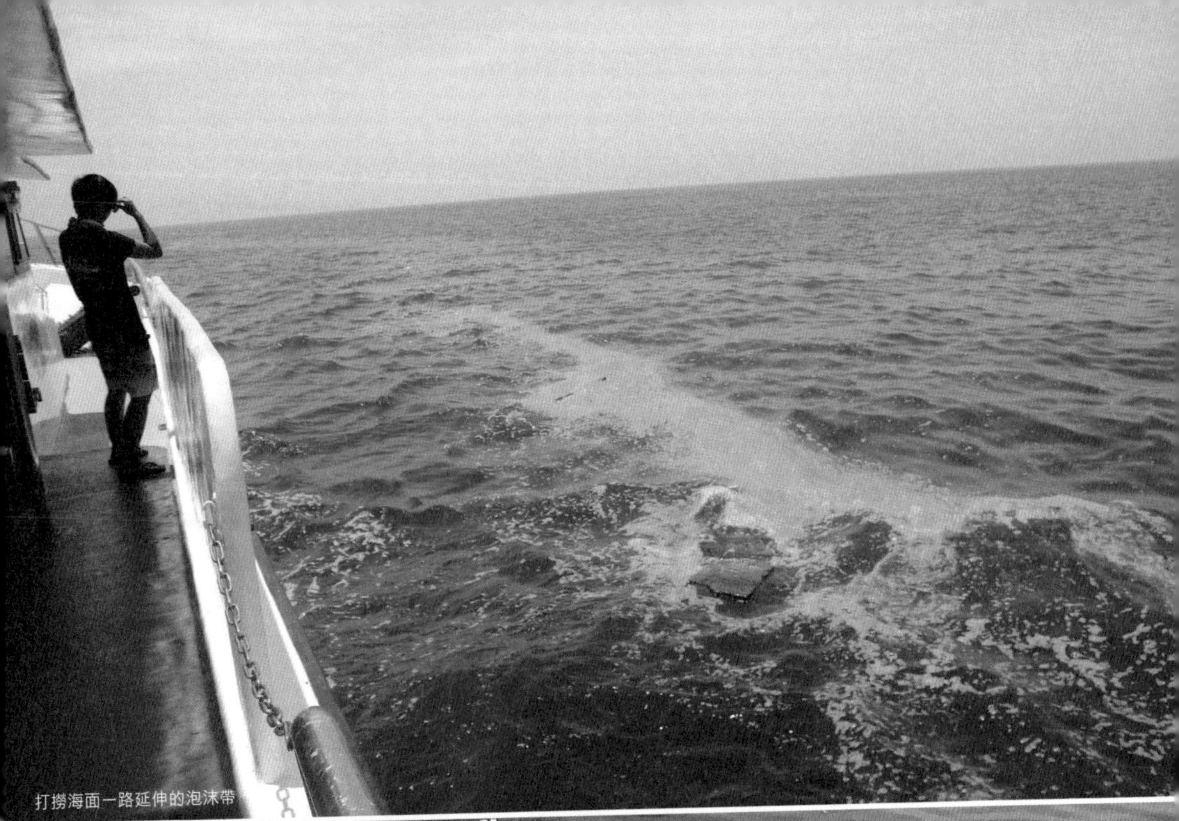

打撈海面一路延伸的泡沫帶

打撈裝罐的泡沫樣本。

牠們來說，邊界層那種靜態得有如禪宗般的氣氛，與海洋裡其他部分的差異，非常明顯，就像絲綢與燈芯絨的差別……。」

海洋酸化的主要原因就是過度排放的二氧化碳以及人類釋放到海洋中的汙染物，汙染不僅造成我們吃下身體累積各種毒素的魚，更應該注意的是「海洋的饑荒」。

「黑潮」的團隊當然知道，數十個測點的抽樣，汙染區樣本的採集，並不足以給出足夠解讀的數據。但像今天在南星填海造陸計畫外海，與高屏溪出海口之間採集到的，那小小的一罐樣本，卻象徵著難以言喻的不祥氣息，那或許是島民自己釋放出去的 anito（達悟語惡靈之意）。或許是心理作用，之後「小多」雖然繼續朝向曾文溪航行著，我卻有短暫的時間感受不到風。

我想起英國詩人柯立芝（Samuel Taylor Coleridge）的詩作〈老水手之歌〉（The Rime of the Amcient Mariner），詩中的老水手殺死了一隻眼中藏著精靈，背上帶著冷風的美麗白鳥，他後悔地吟唱道：

我做了件可憎之事，
會給人帶來災難
證據確鑿，是我殺死了那隻
吹動微風的鳥。
啊，可恥的人。他們說，竟然殺死了
那隻吹動微風的鳥

我想要親眼去瞧瞧

九點多到達小琉球海域後，「小多」謹慎地遠遠遶島前往測點。這是因為在昨晚的會議中，金磊特別提醒，小琉球是許多潛水客的熱門景點，這些初級的潛水人員，以三十米的水深為界。為了避免意外發生，他建議測點應該選擇超過三十米深的海域。

因此，在小琉球的四個測點（花瓶岩、杉福漁港、厚石裙礁、龍蝦洞）深度都遠超過三十米，其中杉福漁港外海甚至達到一百一十三米。這些海域都有不少可見的漂浮垃圾——泡麵袋、飲料瓶、繩索、飲料杯……讓這個潛水的絕佳海域顯得失色。就像我們之前在澎湖所目睹的一樣，垃圾永遠是這種小型觀光島嶼的難題。

但我感覺「小多」船上的兩位水下攝影師金磊和Zola，都很想潛入水中。

我自己不擅長游泳，卻喜歡看海底影片。年輕的時候有一次到蘭嶼旅行，正好遇到一個英國年輕人，向我和M說是不是願意去看他作品的播放。我們坐在野銀的戶外，看著他將大海投影在效果並不好的白布上，達悟人潛水的姿態，從此以後以一種美學的地位存在我的記憶裡。那個年輕人叫做Andrew Limond，那部紀錄片後來正式推出時叫《深海獵人》。

我問Zola為什麼喜歡潛水？她告訴我她學潛水是為了能水下攝影。就像我們第一次使用長鏡頭、微距鏡看世界時一樣，在水下看到的一切和水面上並不相同。

在水面下你得把光線的折射考量進去，因此曝光值與正常空氣裡並不相同，海裡是魚

上：金磊進行水下攝影。下：Zola拍攝水下畫面。

的曝光值。不懂潛水的我難以想像那樣的世界，但透過Zola的眼神能看到那種藍色。

她說她曾經潛到八十米，為了是感受「氮醉」，還有那個角度看到的海面。

我在《浮光》裡曾提到一本人類把自己投向深海的書，叫做《深海潛航》。本身就是傳奇潛航者的羅伯．巴拉德（Robert D. Dallard，曾參與鐵達尼號的搜索），預期未來將會出現讓人類身體留在原地，心靈卻能彷彿潛入深海一樣，體會潛航知識收獲與心靈激情的技術。

他說，如果有一天我們的心智能單獨行動，而將軀體留在原地，還有什麼比這更像天使呢？

羅伯說的很像虛擬實境的技術，我卻不完全認同這樣的說法。我喜歡海洋探險家庫斯托（Jacques-Yves Cousteau）說的：「我們得親自去瞧瞧。」我喜歡像金磊和Zola這類曾進入海中與大型鯨面對面過的人的眼神，他們曾經從無界海裡抬頭看無界的海面。

寂寞島嶼

航行的這些日子以來，「小多」回到岸上的時候，總有「黑潮」的朋友熱情接待。他們或許曾經接受過「黑潮」的課程洗禮，也許本身和「黑潮」有理念上的相契。

我不是一個喜歡與人交際的人，因此即使是與「黑潮」的朋友一起「島航」，我也多一個人用餐，以便能冷靜下來思考一些事情。但我們在澎湖，甚至像臺灣海洋環境教育推廣協會的郭兆偉，還專程搭機，就為了與「黑潮」的朋友相處幾個小時。而前一天在蚵仔寮，則讓在地的蔡登財與曾芷玲招待了此行最豐富難忘的晚餐，我十年前的學生周家宇也意外出現。他們的熱情讓我動搖，即使無話，也想盡可能多相處幾分鐘。

因此今天我聽說小琉球島上有一間書店叫「小島停琉」，店主芃芃與何總安很期待「黑友」能去看看，我就決定晚餐後步行前往。

書店在三公里外，我提早出發，所以並沒有特別趕路。只是當我走了五十分鐘到書店前時，才發現店已經關了。

在小琉球，伙伴們住在一處叫「福安宮」的香客房裡，我因為需要寫稿，所以和船長文龍、簡毓群導演，以及今天來與我們會合的李根政先生住在港口的民宿。由於八點半要開會，我於是轉往福安宮，但沒有料到，島上有四個福安宮，供奉不同村落的土地神，背著大海，面向島嶼。

我走向的是大福村的福安宮。等到發現弄錯之後，距離開會時間已經只剩四十分鐘了。我只得回頭走向Google地圖給我的小路，穿過島上的山坡，前往另一端上杉的福安宮。

在黑暗的山路上我想，是什麼樣的人，會想在小琉球開一間書店？書店在這裡，就像是小島嶼裡的小島嶼。

我想起幾年來過臺灣參加書展的一位德國作家茱迪思．夏朗斯基（Judith Schalansky），她畫了五十座她從未去過（且很難到達）的島嶼，寫成了一本圖文皆美的書《寂寞

小琉球唯一的書店「小島停琉」。

島嶼》。據說創作這本書的原因是她的童年時期，東德人民不允許跨出國境半步，因此沒有人能離開國境旅行。還是孩子的夏朗斯基憑著家中的一本地圖集和自己的想像，一次又一次逡巡世界。

長大後的夏朗斯基成為一個插畫家、小說家。她繼續以文字和圖像帶著讀者去那些島嶼。想開書店的人都是夏朗斯基吧？一本一本的書就是島嶼，書店的店主都是無法控制自己熱情的導覽者，他們深怕你不踏上這些島嶼。

我滿身大汗地走到福安宮，跟夥伴們說我剛剛走了快兩小時的路，運氣不好到「小島停琉」沒有開。洪亮告訴我說那是因為店主和他們一起去吃飯了，店主很想認識我，可是沒能見到。我說沒關係的，我到了島的前面，繞行過了，還流了一身汗可以證明呢。

沒有人注意的時候，我舔了一下手臂上的汗，發現陸上的汗確實和海上的汗味道並不相同。

• 黑潮島航 round 1

06/08

啟航 小琉球白沙漁港 ↓

抵港 屏東後壁湖漁港

湧・小琉球→後壁湖・好像做了一場

吳明益——文

未知之地

「轉動中的大熊星座（Great Bear），始終是朝著獵戶座（Orion）而去，而非沉入深水之中。」

——《奧德賽》（*Odyssey*）第五冊

每天晚上八點半是船上夥伴開會的時間。開會時通常由洪亮主持，但最後的決定會落在船長身上。我們圍繞著臺灣的「海圖」，討論明天啟程的時間、航程長度以及路線。船長文龍通常會先推估出航程，檢測人員再確定測點數量，就大約知道出港進港的時間。

但海不像陸上有明確的道路，船隻也不像火車能完全主動控制速度，海浪與風的影響太大，意料之外的側風會把船速往下拉，每段海岸對我們來說都如此陌生，我們終究得需要一張可靠的海圖。

人類創造出來影響文明的物事，都可以視為是一條時代的界線，有海圖之前，跟有海圖之後是截然不同的兩個世界。《奧德賽》和《航海家辛巴達》（*Sinbad the Sailor*）裡的航海者依靠什麼？是什麼提供了大航海時期人們在茫茫大海上航行的勇氣？

航海史上最基本的航海術稱為「航位推測法」（dead reckoning），亦即記錄特定時間內的航速與方位，便可以從起點與終點推測船隻的相對位置。它的致命性在於誤差的累積，倘若航程中（比方說進入大洋）都沒有顯著目標，誤差可能會愈來愈大，

上：「小多」停靠在小琉球的夜。下：夜裡的海圖會議。

於是想要到印度就到了美洲。

在那本有意思的《地圖的歷史》（*On the Map: Why the World Looks the Way It Does*）裡提到基因學家理查．道金斯（Richard Dawkins）推測最早的地圖是習於追蹤獸跡的狩獵者在塵土上畫出來的，他並且大膽推論，地圖的產生，以及地圖的尺度及空間概念，很有可能啟動了人類大腦的擴張與發展。

你如果跟隨過一個布農獵人到山上，一定會覺得他腦中有一幅地圖，這幅地圖由山豬的足跡、百年的九芎、千噸巨石和可以取水的野溪組成。透過這些不易變動的實物，獵人得以記得獲取獵物後安然返家的路線。

人類從石器時代就有製作地圖的紀錄，最初的地圖會從家或任何熟悉之地開始繪製起，畫在石頭上的地圖無法攜帶，畫在植物纖維上的地圖容易湮滅，人們改進地圖的歷史，就是離家的歷史。

托勒密是地圖史上公認的重要人物，這個光學天文學地理學夢想學皆有成就的通才，整理了當時地圖繪製的方法，提出了「投影法」。托勒密的地圖到十六世紀才被麥卡托取代，可見彼時描繪世界是多麼困難的事。

與陸地相較，繪製海圖更加困難，海圖上通常有「深度、暗礁、流、燈塔、特殊掩埋區、導航臺」的標示，那些陸上的設置當然沒有問題，但海水深度、暗礁與流的探測及準確繪製，絕對是無數海上子民的生死經驗累積。

我曾聽過夏曼．藍波安談到達悟人說故事的意義時，說那些父執輩的潛水人，會在夜晚對著晚輩說歷險歸來的故事，那故事裡就有哪個海域凶險，哪邊有大魚，哪裡有暗流的經驗傳承。顯然地圖不只能用畫的，還可以用說的。

《地圖的歷史》裡提到西方地圖上常會在不可知的邊界寫上「未知之地」（Terra Incognita），一般認為這個詞最早出現於托勒密的《地圖學》。做為海上的經驗匱乏之者，我很羞愧地在這趟航程裡每晚都聽著海人們說的「未知之境」，因為只有船長知道海上的流，理解港口的個性。

一張海圖也帶給我們資訊理解的可能。前一晚在「福安宮」廟埕前，我們展開海圖跟今天一起航行的地球公民基金會李根政老師說明撈到不明泡沫物質的海上地點，他一看就跟我們提到武洛溪的豬隻養殖，和南星計畫的填海造陸都可能是原因。這是陸上經驗與海上經驗的對話。

每天晚上我都期待看到全船人員在黑暗裡舉著手電筒，圍繞在幾張海圖的神情。即使「小多」的航行不像中世紀的航海真的具有多高的風險，但大家疲憊卻專注的眼神，看著島嶼地圖上的陌生的水深、燈塔、流與暗礁，像是低頭看著自己的命運。

暗礁

清晨出海時交通船還沒有把遊客從東港運來，它還是一個冷清安靜的小漁村港口。這時我們突然在空出的碼頭海上看到幾顆漂浮的人頭，人頭還彼此用帶著腔調的臺語聊天。

回望島嶼南端群山

原來這些可愛的在地叔伯嬸嬸阿公阿嬤，把清晨大船還沒有入港的碼頭視為晨泳池，他們聊著家常，在海水中載浮載沉看著我們在海巡唱名後登上「小多」，彼此聊到一個段落還會突然展現仰式泳技。

每個港都有自己的性格與風情，今天迎接我們的不再是巨大的商船艦隊，而是捕漁個體戶的「竹排仔」。航行不久就看到兩側出現雷雨雲系，遠方的海上正下著大雨。但更遠的地方有我們的隱憂，馬力斯颱風勢必會打斷「島航」的後續行程。

「島航」獲得各方的贊助，但船隻與人員都無法無視預算地一天一天延宕下去，這也是昨天海圖會議的重點。船長認為我們得先颱風一步，這意味著我們得遺憾地縮短行程。

船從小琉球出發，我們很快就要進入島嶼的最南端了。這頭躺臥在海峽上的鯨，尾骨在這裡逐漸緩緩低沉入海。十六世紀的葡萄牙人駕著中國帆船沿廣東海岸前往福建漳州，再到琉球群島，轉往日本，對這些山勢與海流逐漸從陌生到熟悉，即便如此，臺灣在地圖上仍分裂成三塊。

我們在船上看著女仍山、北里龍山、里龍山與里龍下山，那遠遠的，從臺灣最南端回頭望去最突出的尖山也出現在眼簾。山的另一邊，就是高士佛部落，而對稱位置的八瑤灣，便是牡丹社事件歷史現場。

並不是我有什麼地理知識或對這裡熟悉，只因為我今天帶上船的書正是卑南族作家巴代描寫牡丹社事件的作品《暗礁》。

我跟所有這一代的孩子一樣，是讀國文課本裡的範文和歷史長大的。我先是視那些文章為圭臬，到讀課本外的作品反過來蔑視那些官方典律，大學時一度覺得本地作品對我喪失吸引力，直到讀到拓跋斯・塔瑪匹瑪、夏曼・藍波安、莫那能，才知道一種文字可以承載不同的文化精神。即使使用同一種文字，也可以發揮出截然不同的氣息與魅力。

巴代在原住民作家裡，並不是文字風格非常強烈的（相對於拓跋斯・塔瑪匹瑪或夏曼・藍波安），但讓我佩服的是，他同時是個庶民史學家、人類學家。他總是踏實地田野，採集耆老的說法，並且勤於比對史書，親臨現場，以小說建構他的族群史

收錄水下聲音

和世界觀。

牡丹社事件發生在一八七四年（同治十三年，明治七年），事情要追溯數年之前，宮古島人進貢琉球中山王，回程途中遭遇了罕見的冬颱，因此「山原號」偏離了航道在八瑤灣觸礁毀損。落難的宮古島人進入高士佛社領地，受到高士佛社人的招待。不料一系列陰錯陽差的事件，宮古島人誤以為高士佛人將對他們展開殺戮，於是開始逃亡，引發高士佛人的誤解。最終高士佛人在雙溪口攔截逃亡者，造成五十餘人死亡的悲劇。

這件事日後成為日軍對臺灣「番地」出兵的藉口，牡丹社、高士佛社因此毀村離散。（以上根據《暗礁》序裡高士部落排灣族人巴吉洛克．瑪發琉的說法。）

我們雖然因為航線不會經過另一頭的八寮灣，卻正停泊在後來日軍出兵的社寮（今車城鄉射寮村）附近的出海口，彷彿彼時侵略日軍的視野。

面對日軍的斯卡羅王國強烈抵抗，但終究無法擊退優勢兵力，牡丹社首領卡嚕魯父子身亡，附近諸社於7月1日投降。戰事正發生在同樣的季節、類似的氣候現場。

現在射寮附近最明確的地標就是海生館，那是日軍最後移營的駐紮地。近六千名的日軍因為不適應南臺灣的氣候，共有五百多人病死。

我們在海生館外海，十四米水深的地方進行檢測，隨即往前在墾丁大街外海進行第三個檢測點。

繞過貓鼻頭時，突出其來的浪花把坐在最前頭的我，和手上的書都打濕了。

湧

貓鼻頭的外海正是各方海流的聚集處，不同方向的海水在此地匯聚，流與流互相衝擊，浪因此大了起來。船長室惠芳廣播告知大家正通過海流，趕緊把容易潑濕晃動的行李固定好。

我攀上「小多」二樓，看著何謂「波濤萬頃」的流浪，我想起住在海鄉的母親，說的不是「海浪」，而是「海湧（íng）」。對我來說，「湧」這個字比「浪」更形象化、更強壯、更難以渡過。把數十、數百、數萬、千萬的湧字排在一起，一定會帶給觀看者一種強悍的感受吧。臺語裡也用「浪」，浪常跟「波」連綴一起，唸為「pho-lōng」，這個詞相較海湧，好像更美一些，更沒有威脅感。

小時候我媽偶爾會說：人生可比海湧；有時會說：人生總會拄著（tú-tio̍h）海湧。她並不是正色地說這些話，而是邊炒菜邊說。因此我從來不知道，她的口氣是一種警告、寬慰，或是嘆息。

離開

並非遠航，「小多」每一天都靠港，每一天都在變動。我們每一天都在進行著成員的重組。

「黑潮」朋友的規劃裡，工作人員分成海上與陸地兩組，陸地的地勤開著車跟著「小多」跑，幫忙報關以及運補等程序。「小多」十天以來都沒有因為任何人為因素延緩行程，讓我深深覺得這群年輕「黑潮」夥伴是可信賴的。

船上人員的變動，第一種是地勤組與海上組的交換，比方說泓旭、東良、世潔、歐陽、怡安、大萱、宜蓉……的替換。而另一類是協助檢測人員，以接棒的方式登船，比方說靖淳、彥翎和君珮的交替。

我們也在不同的段落邀請不同領域的人上船，比方說舞者筱婷、筱瑋，地方藝文工作者芷玲，或是今天的環境運動者李根政老師。雖然有時行程一變動，原本忙碌的受邀者無法如期出現（比方說廖鴻基老師），但不同成員的更替，讓「小多」每天都有著不同的觀點與活力。

筱婷、筱瑋是受過「黑潮吳鄭秀玉獎助學金」微薄贊助的舞者，她們即將去紐約表演。她們告訴我看到這些女性研究者在海上工作的強大，覺得實在不可思議。芷玲看起來是個安靜的女孩，但她可是轟動一時「蚵寮漁村小搖滾」發起人之一。我看

島 航

多羅滿

東琉線

大家來接船。

到她仔細觀察檢測過程，或許有某些念頭正在她腦中發芽也不一定。李根政老師則在船上接受採訪，提供我們發布新聞、思考議題的策略，他說從來沒有以這樣的角度檢視過臺灣。

所有的航行都會有終曲，今天靠港之後，我們有幾位伙伴因為身有要事離開。他們分別是水下攝影師金磊，《我們的島》攝影師小鍾哥，回基隆參加小孩畢業典禮的畫家王傑，每天餵我們吃鹽的徐子恒醫師，和研究協助人員彥翎。在海上相處就像住在同一個房子裡，我們或許沉默或許各做各的事，但時間一到就會像家人一樣彼此協助。

今天用餐的時候王傑老師突然說，這幾天好像一場夢一樣。金磊則回應，如果老師繼續出海，繼續和「黑潮」有活動上的聯繫，夢就會繼續下去。

明天我們將有超過十二小時的航程，伴行的是今年夏天第一個接近臺灣的颱風。海的氣息、我們身上的鹽味，一罐一罐的樣本，航海日誌，以及王傑老師這趟行程畫的十幾張臺灣海岸速寫可不是夢。明天書頁還會打開，海還會展示自己，魟魚飛行海上，東海岸的深處潛泳著大鯨，雨會落下，我會帶著雨回到小說故事裡。

DISCOVERY
SONY

• 黑潮島航 round 1

06/09

啟航　屏東後壁湖漁港 →

抵港　臺東成功漁港

流・後壁湖→（三分之一的蘭嶼）→成功・短暫地成為海人

吳明益——文

船長

不知道為什麼，有些職業對部分小男孩來說有特殊的吸引力。比方說怪手司機、飛行員、生物學家（或者探險家），比方說船長。我小時候也幻想過成為船長，當然航行時有一隻會講話的九官鳥或鸚鵡作伴就太好了。

6月3日永安至梧棲航程後的會議，歐陽說要為我介紹船上的每一位成員。當天上船的有二十人左右，我認為一一介紹徒增尷尬，也擔誤大家休息的時間，於是就婉拒了。「我會以自然的方式認識大家。」我說。

這一星期以來的航程，我都試著以我自己的方式認識人。不是打招呼說「你好嗎？我是某某某，你是……」，而是仔細觀察每個人的工作，然後在適當時間詢問他們工作的內容。除了我本來就較熟的洪亮、歐陽、冠榮，在這過程裡我漸漸知道欣怡、小八的研究傾向，知道東良、泓旭在這趟旅程裡扮演的角色；知道海大登船的學生如何協助研究記錄；知道子恒、阿甘是船上的船醫，知道每隔一段時間就要到艙房加油的惠芳簡直就像個副船長。

談得最多的是畫家王傑，我跟他討論了畫具、臺灣的插畫圈，甚至電子書的出版。

但我始終不敢去打擾江文龍船長。船長是個黝黑結實，講話簡單，卻像鉛錘那樣有些重量的人。從其他人口中得到的資訊是船長的眼力驚人，往往能在大家都還沒發現鯨豚的時候，就告訴身旁的解說員今天不會空手而歸。

今天出航後不久，5點31分開始浪變大，5點50分船長減速並下達不要在船上任意移動的命令。有時船會因浪的阻力而產生行進的頓點，浪抬高的船，在高點被拋下，發出「碰、喀」的聲響。6點10分，因為長浪不斷，且遠處已經超過三公尺，船長透過惠芳宣布，放棄前往蘭嶼。

工作人員都沒有異議。所有的準備都會失效，所有的期待都可能落空，這是海上的常態。就在船長宣布前幾分鐘，我還在臉書留言給夏曼．藍波安：「今天我會在蘭嶼海上向你問好。」

也許是為了彌補我們沒能到達蘭嶼的失落，我們遇到了「偽虎鯨」。在大浪裡，牠們分散成數群，快速地在浪尖起落。幾乎只有兩三秒的時間鎖定目標、按下快門，從觀景窗看過去，牠的頭背線條光滑，彷彿深色潛艇，背鰭在藍色的海水中顯得銳利。

我因為不熟悉鯨豚的游泳習性，連追幾次焦都失手，心底想文龍船長一定會嘲笑我吧。因為我也聽說了，他同時也是拍鯨豚的高手，不但船公司的宣傳照是由他拍攝，常年在海上的他累積了大量的資料照片，因此「黑潮」進行的花紋海豚辨識（Photo-ID），許多照片也是由他提供。

偽虎鯨離去以後，「小多」停在第一個測點——黑潮上。我看到簡毓群導演趁空檔上去訪問船長，我也就跟著上去。簡導問了幾個問題，運鏡中突然問起他怎麼看待「黑潮」的伙伴？船長回答：「都是兄弟。」

江文龍船長是討海人江清溪的兒子，他說父親在五十多歲的時候，開始覺得捕魚的方法不對，網子愈來愈大，放網愈來愈深，這樣不是逼魚走上絕路嗎？

年輕的江文龍於是繼承了父親對海的情感，只是擔任的是賞鯨船的船員兼解說員。後來他任職的賞鯨公司倒閉，再被邀請到多羅滿，成為船長。不出海的時候，船長同時是技藝精湛的木工師父。

文龍船長與「黑潮」解說員一起工作，開始舉起相機，成為生態攝影家。簡導問他如果有一天能有影響力，希望能為海洋做什麼事？他說第一步一定要禁掉流刺網以

上、中：花紋海豚（*Grampus griseus*）。下：白腹鰹鳥（*Sula leucogaster*）。

遇見偽虎鯨（*Pseudorca crassidens*）。

及捕捉魩仔魚。「這兩個對海的傷害太大了。」

這學期我們在讀義大利作家迪諾．布扎第的作品時，談到我極喜歡的一篇短篇小說〈夜幕低垂〉。裡頭的主人公靠著鬥爭而當上了工廠財務負責人。他意氣風發回老家閣樓時，卻發生了一件離奇的事：一個他不認識的小男孩在閣樓裡。他一開始狐疑，後來卻發現小男孩就是童年時的自己。主人公想向童年的自己炫耀成就，因此要小男孩猜自己長大後會做什麼？小男孩卻屢猜不中。當他告訴小男孩未來會當上工廠的財務負責人時，小男孩卻覺得失望，掉下眼淚。

原來他以為自己長大後會是探險家，或是船長……。（我憑記憶，或許有誤。）

我記得前一天開航行會議時，談到如果遇到風雨，誰來決定返航？文龍船長斬釘截鐵地說：「我決定。」我覺得那一刻的船長真是迷人。

如果有一天江文龍船長遇到童年時的自己，那個少年一定很感滿足吧。

流

船在蘭嶼航線上三分之一時回航，說沒有遺憾是騙人的。我問船長為什麼下這樣的判斷？他說他有跟蘭嶼外海的漁民聯繫過了。那裡的浪就像這裡一樣，即使到了，研究人員也無法站穩做檢測，不如下次再來。

另外他也提到，船行至此，「流」變得不同了，他感覺不應該繼續前進。我問他當船遇到大浪時如何處置？他說首先得慢下來，另外就是要注意側浪的浪幅。如果浪既大浪幅又小，船就有翻覆的可能性。因為在大浪裡，「流」更無從預料。

「流」跟昨天我提到的「湧」、「浪」、「波」不同，它更像是持續的、恆久存在的水的運動，就跟「潮」一樣。事實上，臺語的「潮」有時候跟「流」是同一個意思。比方說滇流（tīnn-lâu，滿潮）、洘流（khó-lâu，退潮）。

我也喜歡「lâu」這個發音，有一種延長的、可惜的意味。比方說「放水流」（pàng-

tsuí -lâu）。

依海之人

在這次航程中，我最希望去的就是蘭嶼，可惜「放水流」了。

過去我曾經每年都到蘭嶼觀察珠光鳳蝶，有一年我甚至把課堂帶到蘭嶼。而我也希望能見到夏曼．藍波安，因為我們從未在他的島嶼碰面過。除此之外，還有一個隱性的理由。過去我一個很優秀的學生，據說此刻正在蘭嶼擔任回收志工，在島嶼生活。

去年我曾讀到一本很迷人的人類學著作，那就是俐塔．雅斯圖提（Rita Astuti）所寫的《依海之人》。俐塔描述馬達加斯加島西南海邊，依海維生的斐索人（Vezo）。他們的認同非常特別，是以你是否進行海的活動來判斷你是否是「斐索」。

這本書有趣、深刻，處處讓人啟發，譯筆也生動。我試著摘引書中一段，大致就能看出斐索人是什麼樣的一群人。

「斐索人很柔軟。他們的習俗簡易，禁忌也不多。他們不喜歡羈絆和束縛，所以透過複雜的操弄策略來避免。當國王束縛的力量太大，無法被操弄或脈絡化，斐索人選擇逃離，以免被決定他們是什麼人。斐索人是在海裡尋找食物、求生存的一群人。但他們不聰明，所以無法從過去經驗學習、也無法事先計畫未來；而這讓他們異常容易感到驚訝。他們是住在海邊的人，知道如何游泳、造舟、駕船、捕魚、吃魚、賣魚，知道如何在鬆軟沙地上行走而不會氣喘吁吁。他們是身上有『斐索記號』的一群人。

斐索是做什麼而『是』什麼的人。他們的身分認同（斐索性）在於行動，而非存有的狀態；一個人要『踐行』才能『是』斐索。當然他們學習斐索性，他們學會『當』斐索；當他們有技巧地踐行，他們非常斐索；當他們只有斷續踐行時，他們在某時刻『是』斐索，而下一刻可能是瑪希孔羅（按：內陸人）；如果他們不再踐行，就停止『當斐索』。」（俐塔・雅斯圖堤，《依海之人》，郭佩宜譯）

簡單地說，如果你整天游泳、捕魚、賣魚，那麼即使你是白人，他們也可能認可你是「斐索」，但如果你吃錯魚、不會在沙地走路、不捕魚維生，那麼即使你出生村落，也會被認為是「瑪希孔羅」。當然不像我講的這麼簡單，不過就像這段引述所講的，「是」斐索的關鍵在於「踐行」依海維生的人的一切行為。

讀這本書時我一直想到達悟族，想起年輕時到臺灣讀書的夏曼．藍波安，說自己漸漸不像達悟。他因此回家鄉，學潛水射魚、伐木造舟，得到族人的認可。（那麼，什麼又是臺灣人呢？）

除了射魚造舟以外，我想達悟還有一個迷人的特質就是講海的故事。夏曼．藍波安的文學是浪人鰺的文學，海洋的文學，他的文字把達悟的氣味與魅力展現得迷人無比：

「諸位哥哥，你們就在離我三個地瓜田遠的海面上上下下潛水，太陽在我們面對向蘭嶼，它走下坡的軌跡，洋流由左邊流向右邊，彼時恰好是中潮，流水不強也不弱，在我腳下的兩座礁峰的中間有一尾碩大的石斑魚在呼氣吸氣，宛如是我們已老邁的

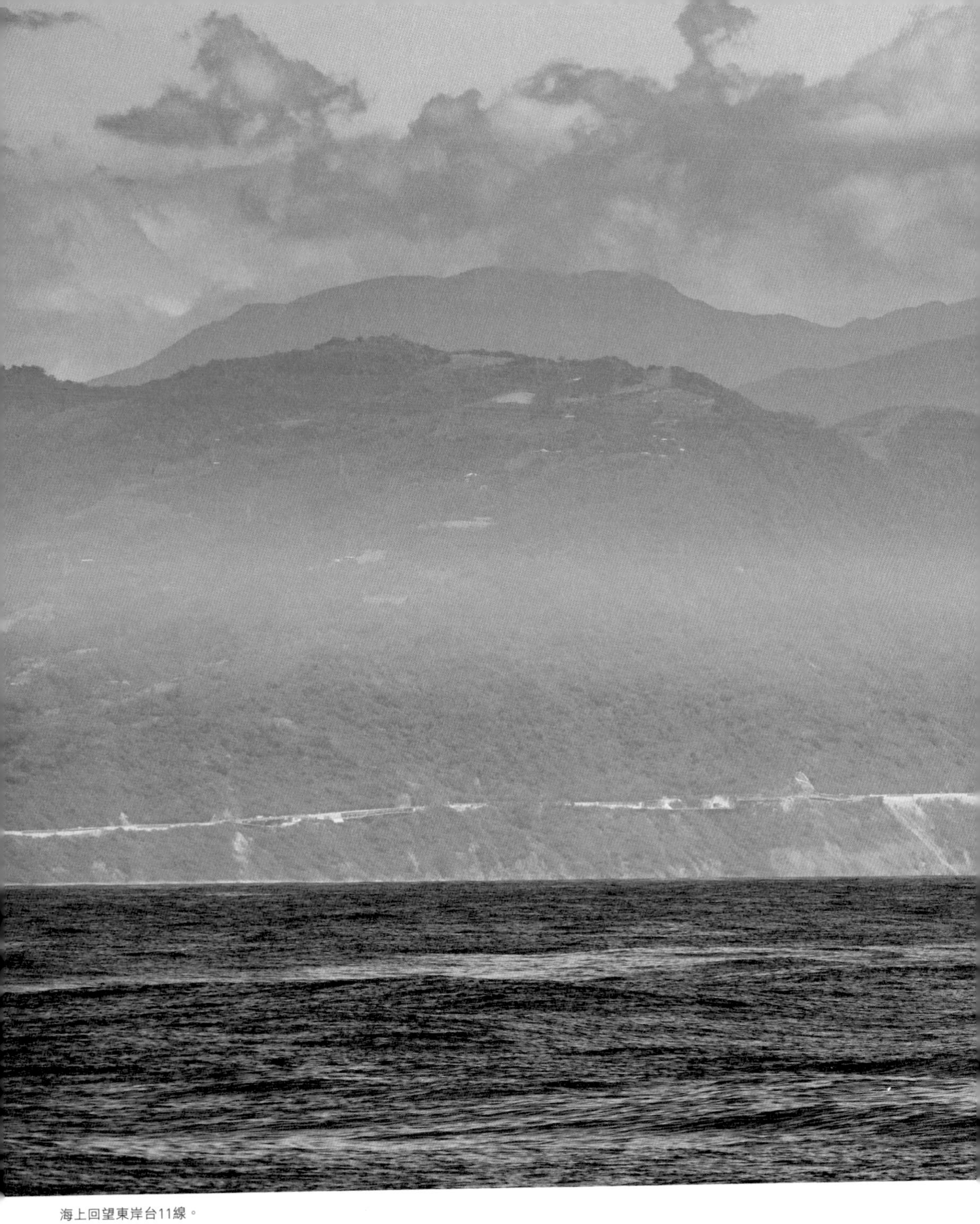

海上回望東岸台11線。

祖父在期待食物入口的神情，我再次地看看你們，我也不時地調整我的呼吸，就像嬰兒自我調整吸吮母奶的頻率，想著若是我的魚，我們會歌唱，若不是我的魚，牠或許只是讓我欣賞而已。

孩子（說我），當時我們沒有蛙鞋，沒有防寒衣，沒有呼吸管。深度約是八尋（十五、十六公尺），若是我的魚就是我的，我如此安慰自己的心魂，我愉悅地潛入水裡，專注地盯住魚，然而在我心裡已經選擇魚槍發射的魚部位，我不遲疑地射向魚鰓上方的魚脊椎骨，魚一閃動，脊椎骨立即斷裂，動也不動地趴在原點，當我拉起牠的時候，魚的重量比我重，彼時我與你的叔叔潛下去，你父親與你大伯在海中接下我們，那時才發現那尾石斑魚跟我身材（一六八公分）一樣大，當我們浮在海面上歡樂，你的叔公，我們的小叔已經把船划向我們這兒來了，我看他吃檳榔的牙齒看見那條魚的時候，門牙好像即將斷裂的模樣，說『這條魚之魂要讓我們提前返航』（不說『我們回家』這類的話）。

正在下海的太陽，正是會咬傷人們皮膚的熱度，我們看得見海面蒸發的熱能，我們划著船，每一個人的背部皮膚彷彿是一張黑色油紙，漆上我們的故事。那一夜，我們的歌聲像一片片的魚鱗回應一波波的浪震。孩子，我們的故事沒有在紙張，明天過後，我們常常得反覆敘述這個過程，直到沒有人聽得懂我們的故事。」（夏曼．藍波安，《大海浮夢》）

牠們的國土

六點多遇到偽虎鯨後，6點41分我們又短暫與喙鯨相遇。由於喙鯨是能深潛的種類，浪又愈來愈大，因此沒有多做停留。做完幾個測點以後，9點20分我們遇到一小群的花紋海豚，欣怡在塔臺上希望大家能拍到背鰭側面，做為辨識材料。

許多種類海豚的背鰭，具有獨一無二的特質，帶著經歷與表情。欣怡說在國外的研究裡，花紋海豚可能為了覓食深潛，倘若獵食成功，牠們甚至會記住潛入的路徑與深度。海底或許有那麼一張人類永遠畫不出的海圖，只有鯨豚能識。而我在鏡頭裡看著花紋海豚在大浪裡潛泳，突然有一種此刻我們在牠們國土之上的感覺。

CT2-3835
CT2-4420

「小多」駛入台東成功漁港海哥接船。

十點鐘一隻巨大的白腹鰹鳥從遠方飛近「小多」，當牠如弦的翼尖優雅地從我眼前掠過，我甚至連牠縮入腹部的腳爪都看得一清二楚。那一刻，幾個小時前那種「放水流」的沮喪感瞬間一掃而空。

我在想，如果成為斐索要捕魚、出海、造舟，如果成為達悟要潛水、射魚、說故事，那麼怎麼樣才能從一個島民性格的人，變成海人呢？

我想起幾周前，帶著學生到三棧溪走步道。經過三棧國小時，一個太魯閣族的小朋友跑來「搭訕」我們，問我們要到哪裡去？我回答了他，他天真地說：「那你們要小心喔。」一個女老師可能以為我們一行人有些奇怪，邊走邊問他在跟誰講話？太魯閣孩子回頭說：「一個太魯閣人帶著一些臺灣人要進去山裡。」

學生們大笑，他們知道「那個太魯閣人」指的是我，我在那一刻，不知道為什麼被一個太魯閣小孩認可是太魯閣人。即使只有一句話的時間。

這一周以來，我被船、花紋海豚、白腹鰹鳥、瓶鼻海豚短暫認可是一個海人了嗎？

我是不會問的。

• 黑潮島航 round 1

06/10

啟航 臺東成功漁港↓

抵港 花蓮漁港

北風南流・成功→花蓮・家離海邊那麼近

吳明益——文

北風南流

早上很早就醒了，身體已經具備喚醒自己的能力。在房間裡聽到夥伴們都開門出去，才走出海洋生物研究中心的招待所，我想一個人看看成功的早晨。

看得出菜市場多半是家庭經濟，漁民農民把自己的收獲拿出來賣。東部陽光咬人，婦人們都早早穿上袖套。來回走了兩圈，這裡西式早餐店很少，也沒有油條豆漿，有的是炒魚肚、麵店和蔥油餅攤。我選了菜市場旁一間用可愛手寫字體寫價目表的店，叫了一碗麻醬麵。介於黑麻與白麻之間的色澤，麵上頭還加了四、五塊的豬肉片。麻醬的香氣和海的氣息和在一起，有一種濃厚的紮實感。這裡的食物是為了讓人長氣力的。

散步回去時，我跟一個小攤子買了一條飛魚乾，摸起來微濕、尚未曬透的飛魚乾，在手指上留下鹹香。

我提早四十分鐘上了「小多」，惠芳與昨晚來接船的「黑友」淑慧已在那裡了。惠芳正忙著寫一張感謝沿途相助的感謝名單，淑慧吹著海風，坐在「晉領號」（成功漁港的賞鯨船）裡翻著一本厚重的書。

不久「晉領號」工作人員出現，他們今天預定比我們早半小時出航，但載的不是賞鯨客，而是一群日本歐里桑。

「欲划（kò）竹棑（tik-pâi）仔去 Yonaguni（與那國島）啦。」晉領號的老船員對我們說。我好奇追問下去，從三位船員七嘴八舌的回應裡，再加上我一邊查手機，慢慢聽懂了他們提的這件事。

近年在沖繩列島出土了頗多距今兩萬多年前史前石器與人類骨骸，有一派日本考古人類學家認為這些石器的形制、打造方式，與臺灣距今三至五萬年前的長濱文化出土石器高度相似。日本國立科博館人類學研究組組長海部陽介認為，史前舊石器時代人類進入日本列島的路徑有三個，約三萬八千年前的「對馬海路」、約兩萬五千年前的「北海道海路」以及約三萬年前跨黑潮的「臺灣沖繩海路」。沖繩人的先祖，可能就是從臺灣東海岸隨著洋流北上的。

為了試探這個理論的可能性（三萬年前的航海技術，有可能穿越這一百多公里的黑潮海域嗎？）他們召集了一個團隊，訪問阿美族的耆老，向他們學習以竹子造舟的技能。去年在各方的支持下（臺、日民間企業，以及日本國立科博館與國立臺灣史前文化博物館），造成了一艘由麻竹為主體的竹筏，稱為 IRA 1 號。

去年他們來臺試航覺得滿意，今年造了更輕快的 IRA 2 號，預計由五名划船手，從烏石鼻港旁海灘出發，划往一百多公里外的與那國島。

根據報導，這次的划手分別來自日本、臺灣和紐西蘭。領隊是計畫的總指揮內田正洋，團隊裡有一位女性划手內田沙希，具有光看星象就能航海的知識。臺灣的划手則是六十四歲的宋元開，整個團隊平均年齡超過六十歲。

這是多麼野性、知性，又感情衝動的計畫？沒有把人類祖先那種渡海的執著和本能喚起是做不到的。相對之下，「小多」的航程不應該是島民，一個海洋國家的「日常」嗎？

老船員一面驚歎地告訴我 IRA 2 使用的七根麻竹有多麼粗，一面說：「三萬年前對（ui）遮划到 Okinawa，你欲相信否？我是毋信。」

他反反覆覆說「我是毋信」，一面給我看他們的木槳和木舵。槳的構造比鋤頭更簡單，三萬年前也沒有「晉領號」在一旁戒護。即使如此，一批一批有勇氣的水手往更北的方向尋找出路，划了三天三夜到與那國島我是相信的。因為我聽到這樣的計畫時，第一個念頭不是「不可思議」，而是「怎麼做到」？

只要有人探討怎麼做到，事情就有可能性。而且，我想你一定也想起了後來讀到的《逃避主義》。

日劇「逃避是可恥的但有用」這句話據說來自匈牙利諺語，人文地理學者段義孚則是從八〇年代開始注意到人類文化裡「逃避的力量」，他認為「逃避」是人類文化的根源。人類逃避的對象第一個是自然，因為嚴酷的自然環境、突發的自然災害都會讓人們產生逃避的念頭，進而遠走他鄉。其二是文化，比方說苛政，或嚴厲的宗教禁錮。其三是混沌的心理狀態，人們總是試圖尋找清晰與明朗，所以直覺地想避開混沌的、不清晰的狀態。因為逃避，人類才展開波瀾壯闊的遷移史。

段義孚說：「逃避是對生命過程的潮漲潮落所做出的一種回應。」

這些年來我漸漸理解了這句話。剛剛我在成功漁港看到一艘命名為「普通二號」的船，一般的漁船不是該叫「順發興」、「金興發」、「滿漁」、「協益利」嗎？怎麼會叫「普通」？但我轉念一想，會勇敢出海的不是「勇士」，而是「普通人」。唯有普通人像相手蟹那樣降海繁殖的群體意志，才能創造「怎麼可能」的大規模遷徙。

9點6分，我們早「晉領號」一步出航，這時準備登船的日本人也出現了，他們戴著沖繩當地傳統的藤帽。我們向他們揮手致意，某種程度也向自己揮手。

欣怡告訴登船的大家說，今天的海象是「北風南流」。pak-hong lâm-lâu，你不覺得這個詞充滿了力道與矛盾，因而產生了一種執拗之美？

風向與流向相牴，勢必浪大。

每個海浪都是一座墳丘

船一開動我就想起你。想你走到了哪裡？我趕不趕得上看到你十幾年前懊惱地把鞋底丟進小店垃圾桶的樣子？

在基輩漁港外，研究組做了第一個測點。晉領號從我們右側海域開過，復在左前方等待。做完測點以後，兩艘花東海岸的賞鯨船彼此伴行一段時間，隨後各自前行。我趴在船舷的欄杆上拍照，怡安問我最後一天了，會不會覺得結束有點可惜？我說不會的，生活裡本來就是一事過一事。

但我想她要講的是「惆悵」。很多時候我們不會把一些詞掛在嘴上，會用另一些顯得不那麼在意、不那麼情感氾濫的詞取代，以避免讓人覺得自己真的在乎。

我回到休息區，閉上眼想睡著，這樣或許再睜開眼的時候就會看到你。但正如你引過的北島的詩所說的，閉起眼睛，我們的耳朵就會變得敏銳。我想起你曾經寫下「海

上：水色差異明顯的潮界線。下：海上回望北回歸線地標。

的聲音為什麼那麼大」，回頭看，這仍是我最喜歡彼時你寫的一段文字。在那篇文章裡你用招潮蟹的步行、雨珠撞擊海面、大翅鯨切過清水斷崖、達悟語、數千萬隻槍蝦開合牠們的螯、潛行的菲律賓板塊宿命地與歐亞板塊撞擊、雄黃花魚會發聲的鰾、深海魷魚以吸盤愛撫海底岩石……來回應提問。海的聲音那麼大，就是因為它是地球最巨大的生態系，海的聲音是一切可聞與不可聞生命體的集合。

不過這十多年來的科學研究，發現大海的聲音正受到人類聲音的干擾。前所未有的大量船隻、聲納、定位系統干擾了海的聲音，許多生物的求偶聲被掩蓋，以聲音在大洋裡傳遞訊息的巨鯨更是受挫。

聲音有時來自外在有時來自內在，有些會在你的靈魂鑽孔，有些喚醒你。我知道當時你會提出辭呈，去進行自己的步行之旅，並非基於信念，而是無力與失望。你的內心之海總是受到外界聲音的侵犯，你太常為了那些聲音感到傷心、妒嫉、憤怒或失望。（希望你不要覺得我在批評，因為我也是這樣。）

十多年前你做的最值得肯定的事就是步行，背著帳篷、相機，相信雙腳可以帶你到各種現場的純粹步行。

只可惜雙腳沒辦法帶你到海上，而我此刻幸運地就在海上，目睹了你在陸上沒有看過的風景。

在往澎湖的航路上我們看到大水薙鳥，船行至東部海岸以後，我們則頻繁地看到穴鳥，這兩種鳥都很少近岸。水薙鳥體型略大於穴鳥，腹部是白色的。鸌科的鳥似乎都有一種能力，牠們能以不可思議的速度，搖擺來回於浪峰之間。

倘若你仔細看，會看到有時牠們翼形狹長的翅膀尖端幾乎就從水面劃過，就在浪頭快將牠們吞沒時，又優雅地滑開。這幾天我總是看著遠方飛行的穴鳥著了迷，牠們彷彿能知道風將從哪一個角度掀起浪似的，而且永不疲倦。後來我查了資料才知道，這類的鳥類在休息與飛行時的心跳幾乎一致，牠們的生命就是為了不斷運動而演化的。正如你所說，大海的每一個浪都是一座墳丘，但它也同時是一個搖籃。

拍攝穴鳥讓我挫折，我幾乎無法預測牠們的飛行路徑。後來我乾脆放棄似地胡亂連拍，卻意外地看到牠為什麼似乎會突然從我眼睛裡消失的原因。

有幾張照片只有水花沒有鳥，牠們穿進浪花裡去了。

靜浦

11點27分，船長室廣播，我們到達秀姑巒溪口了。

秀姑巒溪口旁是靜浦村，研究組選擇了它的外海做為今天第二個測點。欣怡拿著麥克風說，雖然秀姑巒溪看起來是一條清澈的溪流，但根據水質測試，發現事實並非如此。她感傷地說，靜浦村也是齊柏林導演墜機的地方。

秀姑巒溪的出海口有一個隆起的小坡，稱為「溪卜蘭島」，島名據說是從阿美語「茲卜阿（出海口）」和「咪卜濫（樹枯死後再生）」組合而成——樹枯死後在出海口再生。這是矛盾的不是嗎？如果真的「死」怎麼可能再生？我看見你站在島的邊緣，當時你一定怎麼都沒想到，齊導會以這樣的方式離世吧？

今天上船的邱煌升先生，因為暈船一直躺在椅子上，仍不放棄解說的責任。他提到這個也稱為獅球嶼的溪口島，是東海岸重要的漁業保安林。陽光強烈的日子，島的陰影落在海面，吸引魚類聚集；各種特殊植物的落葉也會落在海中提供了有機質。冬季的時候，島阻擋了海風，給了石梯漁港庇護——那個廖鴻基開始尋鯨之旅，開啟臺灣賞鯨時代的基地。

整群白眉燕鷗飛行在溪卜蘭島上，靜浦村民在河口用手網撈蝦虎，浪拍打著島，只有我知道，當時的你沮喪得無以復加。你多想能繼續走到成功，走到更南方。

做完測試後，「小多」再次出發。而你在濱海公路上倒退回踩自己的腳印，從新社階地退回大不岸溪上的二十四號橋，退回磯崎、芭崎、牛山、水璉……而後我看不見你了，你被群山遮住，我只能想像你背著背包，時不時需要坐下來喝水喘口氣的身影。船速比你步行的速度快得太多，你的身影退得有些踉蹌狼狽。

秀姑巒溪出海口回望長虹橋。

而「小多」漸漸駛進深邃的海域，一隻又一隻的飛魚從水面躍起，美得就像時間本身，殘酷得就像時間本身。

在去年 BBC Earth 所播放的一段《The Hunt》的影片中，記錄下了令人心顫的畫面。當一群飛魚在海裡被鬼頭刀盯上時，牠們只有奮力前游。但水中的阻力太大，飛魚在泳速上競爭不過鬼頭刀，此唯有向上，突破海平面的限制，以全身的能量做一次賭注。

飛魚以時速四十公里的速度疾游，就在牠快被死亡追上時，會以每秒五十至七十次鼓動尾鰭下側葉面，瞬間牠得以擺脫了水的阻力限制，飛向天空。一離開水面，牠便將胸鰭以及靠近尾部另一組鰭全數張開，這時尾鰭提供的動力，創造了身體下方的升力，而張開的鰭能保持一段時間的滯空。

根據科學家的研究，在空氣中對飛魚來說並不舒服，但這項本能卻提供了牠幾秒鐘的保命機會。只不過海面下的鬼頭刀也直覺到牠終究要回到海面，牠緊追不捨，直到飛魚數次飛行後體力耗盡。能逃過鬼頭刀的飛魚不見得就能活下來，因為海面上也有燕鷗、水雉鳥在等待著。

用美來形容飛魚的飛行，不是太殘酷了嗎？

我趴在船舷試圖捕捉飛魚飛行的畫面，一旁的洪亮突然問了我這樣一個問題：「老師你為什麼都不坐在船頭？」

我說：「為什麼這樣問呢？」

她說：「我解說的時候，會觀察遊客，發現很多人都喜歡坐這個位置。」

我正猶豫著該怎麼回答。她轉過頭去說：「以前律清最喜歡這個位置。」

那瞬間，飛魚一隻一隻地潛入水中，濺起微小的水花，再也毫無影蹤。

秀姑巒溪出海口手叉網捕撈蝦虎。

飛魚乾

關於時間，我在一本名為《海洋的極端生物》（*The Extreme Life of the Sea*）裡，讀到一個絕美的片段，請容我把它打給你：「你看到的大翅鯨，年輕的至少二十歲，老的可能有九十歲；那頭正在進食、背殼上有傷痕的綠蠵龜，很可能當你父親還在青春期時，被一隻貪吃的海鳥所傷。至於海龜藏身的那叢珊瑚，是一九四六年的夏威夷海嘯將之前的珊瑚礁摧毀之後，才開始立足的。至於牠們的立足點，則是幾世紀前的珊瑚居民遺留下來的殘骸。還有那條你即將享用，配上蔬菜沙拉與白糯米飯的月魚，骨骼中很可能帶有布拉沃城堡行動造成的放射性物質遺跡。你正處於時間凝固的世界當中，而你並不是其中的智慧長者，牠們才是。」

年輕的海岸山脈，山脊一稜一稜地伸向海中，那時你也那麼年輕——以我現在的觀點，或海岸山脈的觀點來看都是，雖然你自以為自己的思想很老了。當時你不知道自己的未來會經歷哪些生死，神（如果有神的話）會伸手取走什麼，現實（如果有現實的話）會踐踏什麼。

十幾年前也還沒有社群網站，如果有的話，你或許無法在那趟旅程裡獲得那麼多寂靜可貴的東西。你可能會聒噪地把每天的見聞放上臉書，自以為虛榮地展示裂開的鞋底與腳趾的水泡。

你也許會把筆記上，零碎不成篇章的文字打上臉書：我們到海上／不是為了索食／而是為了曬傷，溺水或者大哭／如果想念月球／就拔下臼齒

多年以後，你在一本書裡，寫下：「一八四〇年，法國細菌學家多恩（Alfred François Donné）用顯微攝影機拍攝了骨頭跟牙齒，同一年，美國的醫生德雷伯（John William Draper）則拍攝了第一張月亮的照片，雖然骨頭、牙齒或月亮這些被拍攝物都還是自然界本然的存在，但人們從來沒有用這樣的方式看過它們——在攝影機底下，牙齒彷彿一顆星球，而月亮就像一顆有著美麗紋路的石頭。」

抱歉我晃神了，以至於到了鹽寮，才又重新發現你的身影，我看到你步下海灘，尋找區紀復搭建的「鹽寮淨土」。午後1點50分，「蘇帆海洋文化藝術基金會」的朋友與不老水手，划著八艘獨木舟來海上歡迎「小多」回港。夥伴們遠遠地就在注意

鹽寮外海「小多」與「蘇帆」船隊相遇。

海面上的小舟，直到看見立槳，一對一對陌生卻熱情的眼睛不斷靠近。洪亮站到船頭迎接他們，我聽她的聲音漸漸哽咽。這趟旅程做為「黑潮」執行長的她，擔負了太重的責任，直到此刻才放鬆下來。你在不久就會認識洪亮，那時她還是一個辦文藝營的女孩，不算認識大海。

離開了鹽寮，我們朝有紅燈塔的港口接近，此時遠方的雨雲聚集。花蓮溪出海口是這趟旅程最後一個測點了，「最後」被迫提前，因為立霧溪口正下著暴雨，研究組決定放棄。在船隻停下的時刻，我上傳了一張照片給我這學期任教三門課程的社團，說：我現在正在距離你們九公里的外海上。一位學生回話說：志學街正在暴雨。

我傳給我的學生，也是傳給你。我看不見籠罩著霧氣的道路上你的身影，但想像得到，你一步一步地退回台九線上，退回你的宿舍。彼時清晨三點（而我這裡是午後三時），你整裝出發，而我準備回航。你孤身一人，我有一船的夥伴。

當船入花蓮港時，滂沱雨勢終於落下，空中一片朦朧，大地顫抖地向天空伸展。碼頭上的「黑友」們，以絕無欺瞞的真誠歡迎我們。

花蓮多羅滿賞鯨
CT2-6322
CT2-6322

可我就是彆扭、陰沉，我就是禁不起溫暖。接過小女孩送的向日葵，我轉手給了洪亮。我想跟她說：謝謝妳和夥伴們努力計畫了這趟旅程，結果說出口的是：抱歉我要先走了。

我匆忙與黃向文老師和靖淳跳上計程車，車行不久我就發現我在成功買的飛魚乾留在「小多」的冰箱裡了。我不動聲色，先送黃老師和靖淳到車站後，復要求司機再轉回碼頭。他問我忘了什麼？我說沒什麼，一塊飛魚乾而已。他說：「飛魚乾幾十塊錢而已啊，來回計程車要四百塊呀。」我說：「這條飛魚乾是我唯一買給家人的禮物。」司機懂了我說的話，默默開回碼頭的路。

車窗外的大雨稍停了。這趟航程我看多了飛魚，但終究能擁有的只是飛魚乾而已。但無論這條飛魚乾忘在哪裡，我都要把它帶回家。

我知道你會理解我，就像十多年前，我理解你當時踏的那一步，因為那一步，我今天才得以在海上與你遙遙相遇。

吳明益拍下返港的雨和紅燈塔。

黑潮島航 round 2

06/27

啟航　臺東富岡漁港↓

抵港　蘭嶼開元漁港

黑．富岡→蘭嶼．成為一張網

陳冠榮——文

再次回到黑

這是一趟重啟的調查。

6月9日，我們從後壁湖啟航，前往蘭嶼進行檢測，同時在前一晚的航行會議中便決定速戰速決，一完成檢測，就直奔回臺東，因為外頭的風正步步接近。但我們還是無法快過風、強過浪，在出港後的一個小時，船長判斷，今天我們是無法跨越黑潮了。

許多夥伴對蘭嶼都有深刻的情感，那裡的陽光炙熱、海水清透，島上的人也同樣帶著通透的熱情。而我們只能等，期望海況回復穩定，再次前往蘭嶼。兩個禮拜的等待，皮膚都漸漸忘了灼熱的感覺。

終於，啟航，然而這趟「小多」無法再陪著我們出勤，得改乘蘭嶼本地的船隻，但身體又自然地回到熟悉的狀態，在浪頭裡平衡、在海風裡補充鹽分，再次成為黑潮流域裡的黑。

從一個點開始

最開始，是二〇一六年的「黑潮101漂流計畫」，那時「黑潮」創會董事長廖鴻基

蘭嶼海域塑膠微粒調查。

老師突發奇想，一艘戒護船、一方漂流平臺、九十九顆玻璃浮球，從黑潮臺灣段的起點放流，看看黑潮究竟會帶我們到哪裡。最重要的漂流平臺如何設計、組裝，使它不會在海上翻覆、解體，於是就找上了海洋工程專長的蘇帆基金會蘇達貞教授合作，我就是在那裡認識還不是「說蘭嶼環境教育協會」的祕書長朱磊。後來朱磊又到了臺東、蘭嶼，認識了阿文、建立了咖希部灣（Kasiboan）基地，五月又辦了一場「青山綠水・划渡蘭嶼」，從臺東划龍舟、拼板舟到蘭嶼，為垃圾問題發聲的活動，朱磊就找上我做攝影記錄、另外一位「黑潮」的醫生擔任船醫。我們都被網羅起來。

上個月底，島航計畫啟動，從花蓮出發，繞過北臺灣、西海岸，經澎湖回南臺灣，再回到東部，一個又一個的測點，擲出水桶、取回樣本；放下水下麥克風、勾起浮球；放下 Manta 網、撈起垃圾與塑膠微粒。這樣重複的工作，進行了四十餘次，如果攤開地圖，把這四十多個點連上，就成為了一張包住臺灣的網。

第一次遶島行動割捨了蘭嶼段，正當我們帶著些許落寞途經花蓮鹽寮海域時，八艘鮮黃的獨木舟，拉起「蘇帆」的大旗，在海上迎接「小多」，只參與前幾段遶島的「黑潮」夥伴湯湯，此時又隨著蘇帆船隊與遶島團隊在海上相見。聽說我們離開以後，蘇帆的夥伴才告訴湯湯：「萬一他們找不到我們，怎麼辦？」一艘獨木舟是一個點，八艘獨木舟是一條長長的線，「小多」上有二十雙眼睛布下天羅地網，絕不會錯過彼此。在抵達鹽寮之前，遠遠的，一條最美的潮界線，讓「蘇帆」、「黑潮」，在這裡相會。

暈船的達悟人

嚴格來說，我並不認識阿文，只是透過一些報導跟朱磊的介紹知道他而已。第一次與他碰面，是在咖希部灣的晚宴，他介紹達悟族的傳統食物，從來源、作法、吃法以及故事，都一一說明；如果我沒有記錯，他足足介紹了十分鐘之久，並不是因為他滔滔不絕，反而是因為他的害羞而支支吾吾，彷彿還覺得眼前豐盛的餐點不夠周到。這樣的人真是太可愛了。

跟著島航團隊上船的阿文。

清晨五點，準備出港，阿文上船就位，朱磊突然說：「他會暈船喔！」我們連忙拿出日本來的暈船神藥，但阿文又露出靦腆的笑容說：「我有吃了啦！」於是大家就放心地解開纜繩，開啟今天的調查。

第一個測點在北邊的朗島部落外，三組研究人員相當有效率地在三十分鐘內就完成了採樣、檢測，裝瓶完成的塑膠微粒樣本，還是見得到許多細細的碎片，與一絲一絲的纖維狀物質。阿文向來木訥，不擅言辭，但是眉頭的皺摺卻無法隱藏，我們「安慰」他說：「這已經是我們撈了四十幾個測點，數一數二乾淨的一瓶了。」但他似乎沒有被撫慰的樣子，自顧自地說著：「你們應該冬天來的……夏天，流太強了，垃圾都被帶走了……」，「可是冬天啊……」我們也跟著木訥起來。

離開朗島，前往東清，正當溶氧檢測組要開始準備前製作業時，突然說要靠港，原來是阿文不行了。蘭嶼週邊有非常多礁石，水又清澈地直見海底，除了蘭嶼人，誰敢這樣開進極狹極淺的航道。「不用報關嗎？」只見阿文跳過一艘一艘停在碼頭的船，回到岸上，看起來精神很好，「再來就不好了。」阿文又是靦腆地說。

咖希部灣
Kasiboan
達悟語-
堆垃圾的地方
咖希部灣（達悟語-堆垃圾的
創作者：每個無意間留下垃圾的旅客
蘭嶼的垃圾必須載回台灣處理，但
到不堪負荷，日積月累，漸漸地形
所以希望愛蘭嶼的您，能在離開
帶」，幫助垃圾離開蘭嶼！
您的行動，將決定蘭嶼是美麗的飛
Kasiboan (Meaning in Tao
Creators: Every visitor who leaves their trash
Orchid Island must ship its garbage to
tourist numbers have grown, and th
month by month. Now there is just
absorb, and the waste is slowly becom
That's why we hope all of you who lo
your trash with you when you go
位於蘭嶼野銀部落的咖希部灣是「說蘭嶼環境教育協會」所在據點。

東清再過去就是阿文長大的野銀部落，這次他沒有機會見到野銀沿海的垃圾成果。這幾年，他開始感受到一個人去處理島上的垃圾是不行的，這樣做下去整個人都會被拖垮，真正該做的是推廣、教育，讓所有的人一起來處理，不要再把垃圾的問題丟給一個人了，一個人怎麼可能處理一個島的垃圾呢？

從海上就看得到咖希部灣，那塊父親讓給他蓋「寶特瓶屋」的推廣基地，主屋的斜屋頂以及圓弧狀的牆面，分別是因應野銀部落承接強勁東北季風及落山風設計而成的，不是熟稔的部落居民便不會知道「每一個部落風力最強勁的地方都不一樣」；而迴廊地上的大石頭，挪借了傳統家屋的庭院形式，甚至最重要，但也最容易被遊客忽略的靠背石，也能在這裡見到。屋子的每一個角落、每一個細節，從牆上彩繪的飛魚與寶特瓶強烈的對比、「會呼吸」的寶特瓶牆的工法巧思、以及阿文在屋頂上種植蘭嶼常見耐旱常綠的「海芙蓉」，以此勉勵自己的心念持之以恆……都有阿文對於部落長年的觀察、省思和訊息，以及對於自己家族、傳統的責任與期盼。阿文說他自己覺得很慚愧，沒有辦法跟父親一起去捕魚，每次出去都是邊拉網邊吐，到了海祭的時候，整個部落都知道等一下要先把阿文送回來。沒有辦法傳承海上的文化，那就在陸地上做吧！

做完檢測的隔天早上，團隊離開蘭嶼前，在農會外的小市場找找臺灣本島少見的番龍眼，而達悟族的大姐們則極力推薦我們帶些芒果、毛柿在船上吃，可是我們心中只想買些番龍眼回去，便說：「等等搭船吃會暈船。」幾乎整個市場的人都要圍上來了，「男孩子，怎麼還會暈船？」

我們都突然想起阿文，一個在陸地奮鬥的蘭嶼人。

不是那麼鹹

上回到蘭嶼泡海水，就聽說蘭嶼的海不鹹，我緊緊記在心裡。

來到八代灣，除了檢測這裡的水質、垃圾，還有記錄水下聲景以外，水下攝影師Zola也潛入水下二十至三十米的深度，記錄八代灣沉船附近的自然生態，而水面上則是由黑鯨咖啡的老闆阿甘負責戒護，至於船上的夥伴則拿出自製的甲骨文茶葉蛋

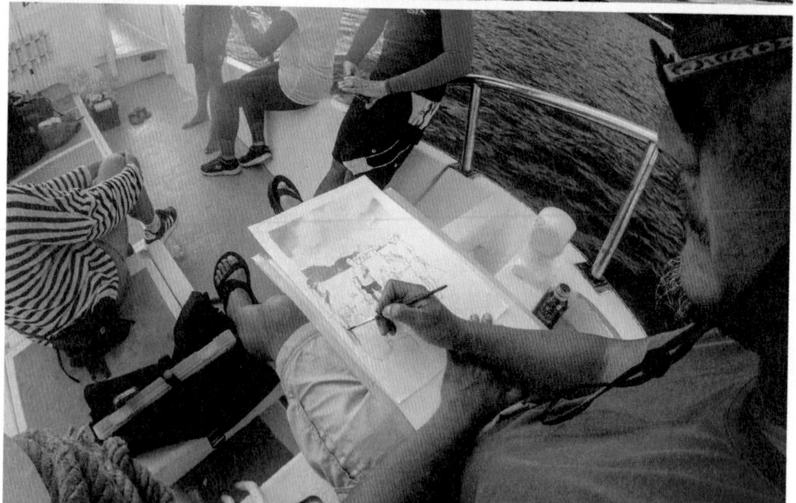

上：攝影師Zola在船上透過空拍進行影像記錄。下：畫家王傑隨船記錄蘭嶼段調查工作。

上：Manta trawl陪伴「黑潮」四處航行。下：攝影師Zola與Manta trawl水下合影。

結束調查工作後躍入無盡的深藍

當作點心，如果不夠鹹的話，還可以沾點海水配著吃。據說達悟族人如果是當日來回出海捕魚，也是這樣，不帶水，只帶著地瓜，在海上沾著海水配著吃。

溶氧檢測手除了檢測溶氧值以外，也必須測量pH值、水溫以及鹽度，我很好奇地比較了一下蘭嶼週邊海域的鹽度，與上次在澎湖、小琉球以及東部地區的鹽度，發現蘭嶼沿岸的海域，鹽度與其他海域相差無幾，大約在千分之三十五左右，蘭嶼的海也是存在著同等的鹽分啊！

難道除了舌頭，我們沒有分辨鹹的方法了嗎？

結束蘭嶼最後一個測點，船長帶我們到開元港外的平靜水域進行水下拍攝，夥伴們一個一個跳入水中，有人喊：「超鹹的！」有人說：「真的沒那麼鹹欸！」或許每個人的舌頭都是不一樣的，但無論如何，太陽曬過黑色的皮膚，白色的鹽又緊緊抓住我們了。

S-6741

黑潮島航 round 3

07/17

啟航　彰化崙尾灣漁港 ↓

抵港　彰化崙尾灣漁港

填海．彰化崙尾灣．被吃掉的海岸線

張卉君——文

彰濱一號

時隔十五年「黑潮」再次開著多羅滿號（小多）遶島，行前我特別拜訪當年主要的計畫主持人，也是「黑潮」的創會董事長廖鴻基。我們約在一個綠意盎然的老建築裡面，對坐著向他說明「黑潮」二十週年再次遶島的用意和目的，印象深刻的是當我攤開計畫書上的地圖模擬航線，用手指輕描淡寫地劃過島嶼西岸時，廖大哥一向溫和輕柔的語調突然變得激動，抬眼嚴肅地對我說：「中部海域的航行要特別小心，這裡海域平淺又有潮汐的問題，我們的船可能會擱淺，這是整趟航程中最需要注意的區域。」

我連忙向廖大哥解釋，島航「小多」航行的路線到臺中港之後就會切到外海，航行到澎湖群島之後，再從臺南外海切回本島航道，我們的船隻不會航行到彰化伸港海域。「彰化伸港到嘉義布袋這一帶，我們到時候會另外租當地的船隻進行調查。」我執意不想那片海域因「小多」不易航行就放棄這一帶的測點，雖然知道另外租船做調查需要再特地協調適合出海的時間，也需要打聽有經驗的在地船長，沒有合作過也不知道默契如何，種種未知橫在眼前，但在「掌握全臺灣海域調查數據」的堅持下，容不下任何「但是」的理由或遲疑。

我聽說二〇〇三年的遶島在西部的幾個潮汐港吃了一些苦頭，記取前輩的教訓，在聯繫中部調查船時也特別向船長確認出海的航程與時間。透過曾在彰化雲林一帶海域進行白海豚調查的欣怡，我們找到了一艘曾經搭配學界做白海豚熱點調查的「彰濱一號」，過去因為國光石化和離岸風機等幾個大型開發案的預定地都在中部外海，

潮差明顯的中部海域。

因應環評的需要做生態影響評估的調查計畫，所以楊船長跟國內幾位做鯨豚調查研究的學者都算熟。

彰化到嘉義海域原先預定的調查測點僅有四個，為了避免船隻異港進出衍生的繁瑣行政程序，我們將航程拆成兩段，第一天先從彰化崙尾灣港出發後抵達濁水溪北側再折返，如此一來單日的檢測點就只有王功外海、濁水溪口北側兩處，即便這樣加上航行時間仍需要六個小時。「彰濱一號」是一艘七點五噸的海釣船，僅能搭乘六人，因此在研究工作上人員的配置就需要更多功：操作Manta網的研究員小八同時也要測海水鹽溫、pH值和溶氧，世潔扮演副手，協助施放網具、清洗裝罐等工作，影像記錄由水下攝影師金磊和泓旭負責，同行的還有公視《我們的島》的記者小鍾哥。

人員的簡約讓這趟航行更接近科學調查孤獨的本質了。

有別於搭「小多」進行第一趟「島航」，如海賊王踏上偉大航道一般的熱鬧與精彩，後續的調查不論是船隻或人員的配置都顯得有些寂寞；然而調查謹慎不變，人員須思考在不同的船隻上如何將 Manta 網繩索固定，確認沖洗樣品設備如何發電，在混濁如綠豆湯色的海水中舀起鐵桶探入鹽溫儀，持續在未完成的調查表上逐格填寫數據，如同將購物集點貼紙排列在集點卡上累積點數一樣，謹小慎微、累積著調查點數，彷彿終點有個大獎在等待。

填海

出港當日的潮水一直等到上午十點半過後才漲起來，崙尾灣漁港是一個有點寂寥的小漁港，回想一早依著 Google 地圖的路線前往船長相約見面的地點，車行至此的路上，我們穿梭在偌大的海埔新生地之間，舉目所及盡是一方方的漁塭，鮮有人煙。時間彷彿靜止了，若不是幫浦葉扇不停轉動，將漁塭裡墨綠色的水體翻攪上來，偶爾潑濺出一兩尾細白銀色的小魚，我會忘記這片土地是活著的。

在地圖上看，彰化崙尾直線往臺灣陸地的中心對過去，就是我的故鄉山城埔里，然

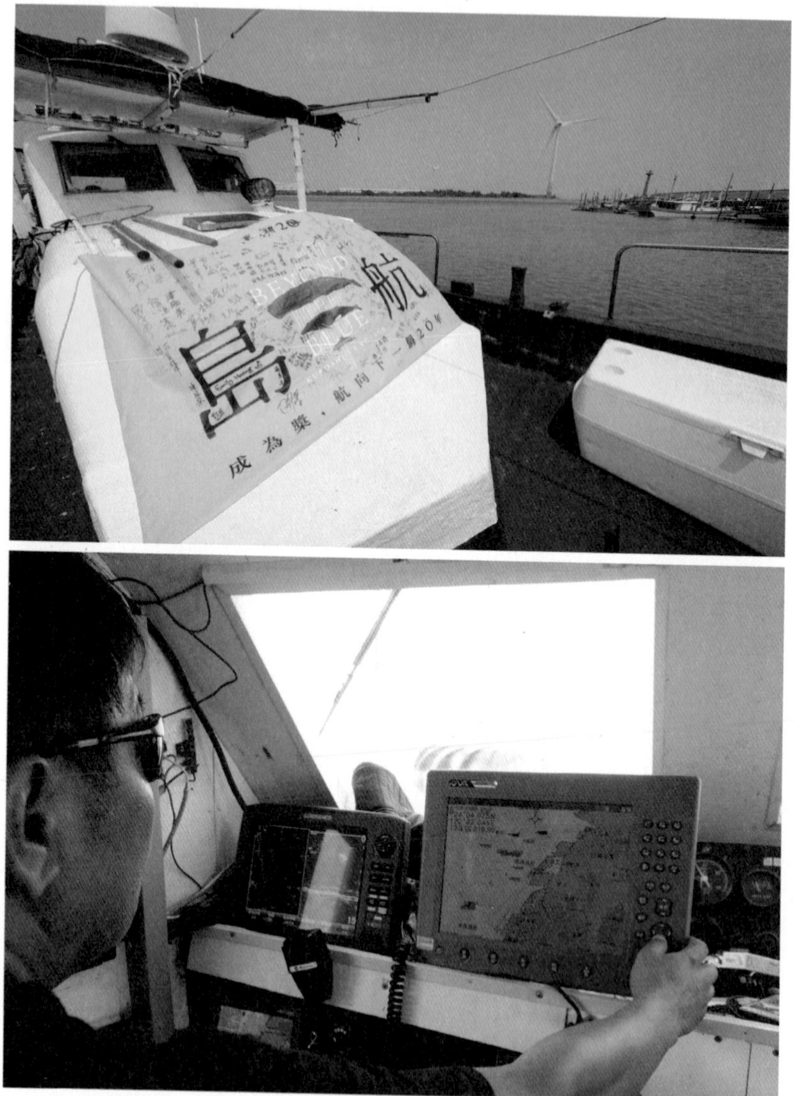

「彰濱一號」與船長。

而諷刺的是我對中部海線城市的陌生，在記憶中幾乎沒有相關的連結，除了曾經在高中時期因為探望住在梧棲小舅家的高齡外婆，藉機去了一趟高美濕地，當時退潮後一望無際的泥灘地使我感到衝擊，不過幾個小時過去，曾經的滄海就可以變成桑田，提著鞋子雙腳陷在泥地裡，看著夕陽染黃世界的蒼涼感，就像舅舅家外面那排迎著海風的大葉欖仁從未茂密挺拔，總是佝僂著軀體頑強而乾枯地抵抗著鹹分的侵襲一樣，令我感到莫名的艱難。

彰濱一號緩緩經過彰濱工業區的外海，船行過的船尾浪擾動了小魚群，盤旋空中的海鷗如獵人跟蹤獸跡一般隨伺在後，不時如子彈落下一般撲通撞入海中，眼神銳利速度飛快。海域潮差四米，為了安全，船長駕船盡量都保持在五米的水深線，卻離岸非常遠。陸地成了海市蜃樓一般的殘影，一座座風機及不停吞雲吐霧的高聳煙囪，在迷濛的煙霧中恍如等待奇蹟的巨人，燃燒著經年累月的寂寞。

它原不應存在的。

然而曾經這座島上的人們將它視為另一個經濟起飛的夢想基地，選定中部海線貧窮

小鎮伸港、線西、鹿港作為發展基礎工業的海埔新生地，人們以巨大的自信膨脹出高昂的驕傲，在追逐發展和利益的想像面前，強勢地向自然爭權，隨意改變地貌，不僅能炸洞移山還能造陸填海。過去浩瀚無邊的海域填上了廢棄物質、器械開挖、土方堆置，人工開鑿的陸地曲線平整如機械，堅硬地抵抗洋流的方向，切割著陸域邊界的基礎生態系，同時粗暴掠奪了海洋生物的棲息地而絲毫沒有愧疚，那一方方吞吐切割的不是土地，而是良心；而那一鏟鏟傾倒填入的，則是永遠溪壑無厭的貪慾——為此我們在上帝面前不應談論寬恕。

送別・被吃掉的海岸線

當然臺灣絕對不是第一個、也不會是最後一個對於吃掉海岸線懷有野心和慾望的島國，事實上填海造陸早就是各國擴充慾望的慣用手法，緊鄰著我們的香港與澳門就是顯而易見的例子。澳門早在一八六三年就進行了第一次填海工程，比起臺灣在日治時期（一九一二年）領臺後的第一號海埔新生地（今高雄港哈瑪星一帶）都要早了五十年。如今的澳門填海所得的土地面積占全澳門土地面積近三分之二，早已遠超過原有的天然土地。

二〇一二年「黑潮」曾經因為藝評人吳思鋒的牽線，認識了澳門「足跡」Step Out劇團朋友莫兆忠（阿忠）與盧頌寧（小寧），那是一次跨海談海的藝術合作，也是從當年開始，臺灣「東岸黑潮流域的海」與澳門「僅存在記憶中的海」便開始往來匯流。二〇一二年的澳門藝穗節，「足跡」策劃了「送海：海洋文化交流計劃」，策展人阿忠在〈策展前言：是儀式？是送別？或持續的反思〉文中寫下一段話：「有說澳門是『海風吹來的城市』，可是對城市的過去、現在與未來，我們都將目光聚焦在土地之上，對於未來填海新城的規劃，我們大部分時間在討論新生土地的分配，而被活埋掉的海洋呢？是否都被我們遺忘了？我們在思考未來的土地將帶給我們什麼的同時，其實也該想想今日我們將海洋侵吞之後，海洋會還給澳門人什麼。」

在澳門的街區裡遊走，依著社區文史工作者口裡手中用力在建築群中比劃的方向，我望著腳下的石板路和車水馬龍的街道、兩側招牌林立物欲橫流，難以想像我們正站在幾十年前的海岸邊界。那是我第二次造訪澳門這座城市，吸引我的並不是它「世界第一賭城」的五光十色極致奢華，而是隱身在巷弄街屋和階道路牌之中古老、悠遠、淳樸又充滿海洋氣味的漁村文化。此後我幾乎每一兩年都藉機造訪澳門，大學時期中文系的學長阿峰是澳門交換生，班對學姊大香畢業後不久成為澳門新娘，她先是在高中教書，後來在聖祿杞街開了「井井三一繪本書屋」，和「足跡」的朋友也相熟，因此我到澳門總不乏照料。幾乎每一次從澳門機場行經友誼大橋，我都攀著阿峰學長的車窗慨嘆窗外的地景每年都在變，大香學姊指著陸地的方向說，路環與氹仔之間原本是海洋，後來填成土地，再冒出一幢幢金碧輝煌的賭場和酒店。建設從未停止過腳步，成長速度早已超越了澳門孩子的童年——在他們的夢裡恐怕不曾出現過大嶼山、赤鱲角，以及大澳附近海域的中華白海豚，深植記憶中的可能是長隆海洋王國裡無數隻依著訓練師手勢一致跳躍、擺尾、頂球的動物明星和粗製濫造的粉紅色海豚填充玩具。

在二〇一二年「送海：海洋文化交流計劃」時，「黑潮」去澳門校園帶小朋友讀大海與鯨豚的繪本故事，回來之後夥伴律清笑著跟我分享，她問孩子：「你們見過鯨魚嗎？」孩子們齊聲說有，律清睜大眼睛問：「在哪裡看到的？」孩子們有的說家裡有養，有的回答在水族館。「他們以為我問的是『金魚』。」大夥一陣莞爾。「課程最後我讓小朋友用色紙撕畫成一片海洋，」律清接著說，「結果他們畫裡面的海竟然是黃綠色的。」

而那年我在澳門的「柯邦迪前地」（司打口）廣場創作了三首行動詩及影像裝置，題材和背景來自於二〇一〇年我們在花蓮港蹲點一年的「海人誌——臺灣東岸漁民口述歷史調查」，澳門藝術家林嘉碧與我一同合作，她的裝置是用竹編和簍筐等素材搭成一艘小船，她告訴我靈感來自於澳門消失太快的漁村文化。在二十世紀五、六十年代曾是澳門漁業發展的高峰，在香港、澳門海域曾群聚著以船為家的「水上居民」，而隨著填海造陸、賭場和土地開發的浪潮，澳門逐漸從小漁村一躍而成國際馳名的娛樂旅遊城市，水上人家也逐漸在二、三十年前陸續捨下船居遷徙上岸。根據澳門的歷史學會研究資料，考古學家曾在路環黑沙海灣考察，發現距今六千年至三千年新石器時代的器物，顯示當時的路環已有人靠泛舟捕魚為生。

路環在澳門的發展中是最晚被開發的一區，因而保留了較多的自然景觀以及原始建築，與討海歷史相生相連的海神信仰，體現於天后古廟、觀音古廟的古老宏大與香火不絕，而另一座「譚僊聖廟」（澳門人俗稱「譚公廟」）主祀的亦是相傳在廣東沿

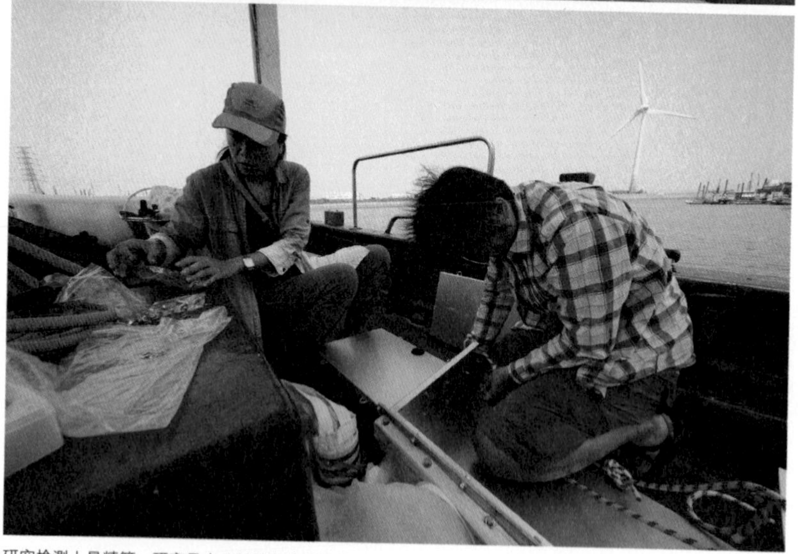

研究檢測人員精簡，研究員小八同時操作溶氧檢測。

中部海域進行塑膠微粒檢測。

海一帶的海神，而譚公廟裡供奉著一枝鯨魚骨雕成龍舟的傳聞特別吸引我們前往。二〇一四年我們和鯨豚生理研究專長的「黑潮」董事蔡偉立小姐一同前往，一排人站在鯨骨前細細研究，看的不是栩栩如生的百年文物雕工，而是七嘴八舌地在推測鯨骨的身世和部位。如此巨大且平滑得以運用來雕刻的，機率多半來自大型鬚鯨的顎骨；而一些錯落堆放在廟宇祭臺空間零星、不完整的脊椎骨又看似是小型齒鯨，過於零碎單一的線索難以辨識這些白骨的身世，卻留下了鯨們曾經造訪這座島嶼的痕跡。

等待花開

我們可能永遠無法探知鯨的心意，就像亞哈船長始終追尋不到莫比迪克的蹤影。即便掌握著幾十年數千筆不間斷的調查記錄，抑或僅依隨著浪漫的想像詮釋每一次海上的意外相遇，我們都難以臆測牠們的去向，無論過去、現在或未來。

悲傷的是，在巨大的未知當中可以確定的只有人類生活對於鯨的影響，與日俱增；

綠豆色的海上陸續漂來零星的塑膠碎片，那是陸地高漲的慾望燃燒殆盡後落下的碎屑，海上偶遇航行過的船隻載著刺網，可預期的混獲讓我們以鯨的窒息果腹。航行於寂寥的彰濱外海，沿岸連綿矗立著幾枝巨大的風機，在幾乎感覺不到風的傍晚百無聊賴地朝天空緩慢劃圈圈，不論是陸地或海水的能見度都像是隔著一層毛玻璃，沒有太多生物的蹤影，彰濱一號隆隆的引擎聲幾乎催眠了我，而駕駛艙不斷飄出的機油味讓所有忍耐快要失效。

因為看過花開，知道花終究會開，所以願意等待。

然而直至閉眼之前，我都沒有莫比迪克的消息。

黑潮島航 round 3

07/18

啟航 嘉義布袋漁港↓

抵港 嘉義布袋漁港

外傘頂洲．嘉義布袋．最後一網滿載

張卉君——文

4:30 AM 漸亮的天光

我們在不那麼黑的夜裡醒來。

「島航」的節奏如一支破曉的軍歌，刺目的日光燈總會早陽光一步，把我們從各自溫暖的夢裡瞬間拎起，沒有人敢耍賴抱怨，因為一旦落隊，船繩脫纜駛離碼頭，你就只能等著被扔在岸上目送船屁股出港。

討海人習慣凌晨在海上。

我認識的漁船或海釣船船長多半主張天亮前出港，向來習慣陸地節奏的我們一開始向船長叫苦連天、討價還價，無非就是想爭取多睡一分鐘；然而從花蓮出航開始，每天摸黑梳洗、行軍般荷著沉沉的裝備依序上船，慢慢習慣了之後，身體竟也養成了節奏，彷彿安裝了自動鬧鐘，凌晨四、五點就會喚起身體的運作，想賴床都睡不回去了。我問過船長們，航程不過六至八小時，我們為什麼非得要凌晨四、五點出海？「早點出去比較好啊，魚比較多啊！」船長們多半想了一下才得出這個答案，據說在天亮、天黑時魚的覓食意願較高，所以一般沿岸近海作業的船隻出港較常在下午和凌晨的三、四點左右。海人的節奏來自於魚和海的相處之道，即便「島航」的目標不是魚而是海漂垃圾，仍然按著海界的經驗法則走。

「島航」的最後一哩路，落在中部調查的嘉義航段。

我們和船長約在靠港附近的便利商店會合，然後跟著船長的車轉進了「大航號」停靠的內港，瞬間映入眼簾是港區內滿布的蚵架，船長示意我們將車輛停在港邊堆滿漁具、保麗龍、成捆漁網的補網場裡面：「隨便停沒關係，這裡沒有對外開放。」港區的陸域和海域都充滿著無秩序的 Free-style，下車之後我們瞬間有點手足無措，彷彿循規蹈矩的好學生突然被不拘小節的同學邀請到家裡玩，一打開門觸目所及都是襪子內褲和散置一地的玩具，秩序感瞬間被擊潰的慌張。一名騎著機車的紅脣大叔晃過我們身旁，好奇地停下來跟張船長閒聊，問我們要出去做什麼。「嘸未去釣魚啦，欲去做調查。」張船長操著海口腔的閩南語，混合著我們幾個在一旁蹩腳又詞不達意的比手畫腳試圖補充說明，突顯了我們在這個時空裡是多麼異質性的存在。

今日搭乘的「大航號」是一位嘉義在地子弟張船長的船，她是一艘可搭載十五人的娛樂漁船，初見「大航號」彷彿是一位淳樸敦厚的大嬸，和張船長的氣質頗為接近。

我們維持著行軍般的節奏，依序從車上卸下研究器材、接力上船，分別依著研究工作布置船隻空間，內艙放置簡單行李、走道清空暢通、前甲板掛上「島航」旗，所有研究器材、樣本罐一樣依序放置在後甲板。出發前我攤開海圖，跟船長確認今天

上：洪亮與張船長確認海圖上的航線。
下：「大航號」與船長。

的航線：從嘉義布袋漁港出發，預計的檢測點分別是北港溪出海口跟八掌溪出海口，因為船隻布局不同，為了讓研究人員小八和協助的世潔有充分的時間設置工作區域，我們決定船隻先往北開，經過海圖上示意的外傘頂洲之後，從最北端的北港溪出海口開始檢測，預計航行一個多小時，回程再超過布袋漁港向南行駛到好美里寮外、位於嘉義臺南交界的八掌溪出海口，作為最後一個測點，來回航程預計四個小時左右。

約莫凌晨五點，「大航號」在滿是蚵架的內港悠悠轉身，彷彿是漂流帶中唯一自帶動力的仿生物，從無序的漂流中掙脫出來。

穿越外傘頂洲的白海豚路線

「外傘頂洲……我係兩冬前曾走過，但是恁久沒去了，不知範圍有改變沒有。」老實古意的張船長看著我比劃海圖上那塊外傘頂洲地形，微微細細的眼睛笑得有些靦腆尷尬，對於我想確認航行是需要繞過外傘頂洲才有辦法走，還是現在海圖上的外傘頂洲範圍早已改變，船長沒有把握，所以也無法說得準需要開多久。

「不過……我們是可以從這裡切過去，到北港溪出海口，再回來這樣會比較近。」船長在海圖上比劃著，手指放在海圖上標誌著沙洲的位置，預計要航行「穿越」外傘頂洲。「這條路線是兩年前研究白海豚的人告訴我的啦，他們說那是白海豚會經過的路線，不然……我也不敢走。」張船長依舊笑得靦腆尷尬，不同於前幾次合作的幾位船長，多半是充滿魄力和自信，帶著「船上當然是船長最大」的強悍，偶爾還會叨念某檢測點太危險、某個區域肯定到不了……，這位張船長大概是之中最為溫和淡定的了，幾乎是以一種有求必應的柔軟隨我們要求，問哪邊下網、哪邊垃圾聚集較多，船長幾乎都是一句：「看你們啊，攏可以。」

中部的航段由於是特別在遶島後另外安排的補充調查，出海人員配置也從簡，曾在二〇〇三年遶島時走過外傘頂洲的解說員惠芳這趟留守花蓮，出發前她交代我幫她看看現在的外傘頂洲，變得怎麼樣了？這下，倒是讓我對於連在地船長也都沒把握的外傘頂洲燃起了興趣。出航後，同行的公視記者陳慶鍾（小鍾哥）也跟我聊起關於外傘頂洲的「傳說」：據說外傘頂洲的範圍和面積逐年在改變，以前在「柯師傅開始記錄的時代」，外傘頂洲上面是有住戶的，當時沙洲上有幾間高腳屋，還有門牌號碼。「我以前都只在剪接的時候看過以前的畫面，這次終於有機會親眼看看外傘頂洲了。」小鍾哥一臉神往地遙望著遠方，帥氣的馬尾隨風飛舞。

小鍾哥口中的「柯師傅」是業界人士對柯金源導演的敬稱。

早在整個臺灣社會對環境議題尚未覺醒的九〇年代初期，柯金源導演就開始以唐吉訶德的勇氣，透過一臺相機一支筆，單槍匹馬地為人類對環境的傷害發聲。三十年來從不間斷的記錄，柯師傅累積超過三十萬字與無數照片的環境調查報導，也為臺灣山林河海在人為發展下如何物換星移的變遷，留下了最真實的見證。柯師傅在一九九八年進入公共電視，以環境調查為基底製播了《我們的島》系列專題報導，做為臺灣民眾看見國土傷痕，推動環境意識覺醒的第一道重要視野；同年適逢黑潮海洋文教基金會成立，於是在二〇一八年「島航」行動籌劃初期，我特地聯繫了製作人于立平小姐和柯師傅，除了向柯師傅請益「島航計畫」的環境觀察重點及對焦調查方向之外，同時也決定在《我們的島》和「黑潮」二十週年的時刻合作紀錄專題，後來幾乎跟著「島航」全程記錄的就是小鍾哥了。

此刻我們已經慢慢航行到柯師傅從十多年前開始記錄的「外傘頂洲」範圍內了。

根據二〇〇八年《我們的島》節目《虛幻新世界》中的敘述：

「南北距離長達二十公里的外傘頂洲，是西海岸最大的一片沙洲，它的形成可說是風、沙、海流的美妙結晶，來自濁水溪的一粒粒小沙粒，經由波浪的推移，海風的牽引，一點一滴往大海的地盤擴展，經由時間的累積，最後才慢慢堆疊出一座沙洲。目前估計外傘頂洲，每年輸砂量的損失有十萬立方公尺，相當於一千輛十噸重的砂石車，在一九八四年外傘頂洲的面積，大約有二點零五平方公里，二十年後卻只剩下不到四分之一。為什麼外傘頂洲會步上消失的命運，濁水溪大量的砂石開採是主要元凶，而濁水溪下游，還有一座台塑六輕廠，六輕計畫在興建之時，曾大規模抽取海沙，興建之後，突出海岸的堤防，又攔截了沙源，外加濁水溪上游有一座集集攔河堰，層層關卡的阻隔，加速了外傘頂洲的消失。」

「傳說中」的外傘頂洲，還在嗎？

我們守在船長室盯著螢幕，駕駛臺上有顯示深度的魚探機、海圖及船隻即時座標，眼看船隻航行的位置已經在海圖上所顯示的外傘頂洲範圍之上了，我們卻還沒在海上看到沙洲的蹤影。「船長……我們現在是因為漲潮看不到嗎？」我忍不住發問。「嘸呀，現在是乾潮咧。」船長一面張望著海面，同時在尋找沙洲所在。「我駛近一點看嘜。」船長再將船隻向內陸的範圍開去；遠遠地看到海面上疑似出現了塭港燈塔，小鍾哥指著它說：「我記得以前外傘頂洲就在那個塔的前後而已耶！」於是同船的夥伴們紛紛走向船頭張望，約莫再過了十多分鐘，穿過基底已隱沒在水域中的塭港燈塔，我們終於看見一層金色邊緣的沙洲，在陽光中若隱若現。「看到了！那個就是嗎？」我轉頭望著船長，只見他帶著彌勒佛般的光輝笑容：「對啊，那個就是了啦！真的好久沒來了，以前這裡都是吶！」

船黏住了

就當我們帶著遙望海市蜃樓一樣的目光，靜靜地記錄下這一天與外傘頂洲的相遇時，船身突然卡了一下，瞬間激烈地震動了起來，我彷彿聽見船底引擎翻攪泥沙的聲音，接著船身開始微微傾斜，幾秒鐘之間幾乎所有人都靜默了……盯著螢幕顯示的水深只有二點多米。「船長你的船吃水多深？」我趕緊問，「一米多。」船長講話變得有些小聲，雙手忙著操控方向盤，「但這裡顯示有兩米……」我指著漁探機上的深度。「喔……那個數字有點故障啦，要對半算。」船長依舊淡定地回答。「什麼?!對半……那現在是……」我頓時愣住了。「嗯，對，船底磨到了。」船長一面調整船隻航行的海域，一面說：「這裡就是北港溪出海口了。」忠厚老實的船長帶著使命必達的信念，即便冒著擱淺的危險仍然指示著我們，預定的檢測點已到。「船長，你要不要開到水深深一點的地方比較安全？」我還沒從剛剛卡船、船體傾斜的震撼中回神。「看你們啦，這裡哪邊都很淺……」話還沒說完，就有一艘旋外機的小艇開到我們的船邊喊著張船長。「你駛到這裡衝啥?這裡緊淺呐！現在退潮，再不開走船就黏住囉！」

討海人說「船黏住了」，好貼切的形容，在西部的潮汐港特別的景象就是港區裡的船隻每到退潮時就會整個「黏」在泥灘地上，歪歪斜斜地彷彿失去了動力，只有等待潮水滿上來了，透過浮力讓船隻離開底泥，船才會恢復挺立生機的模樣。

上：尋找外傘頂洲。下：採蚵的夫婦駕駛小艇，提醒「再不開走船就黏住囉！」

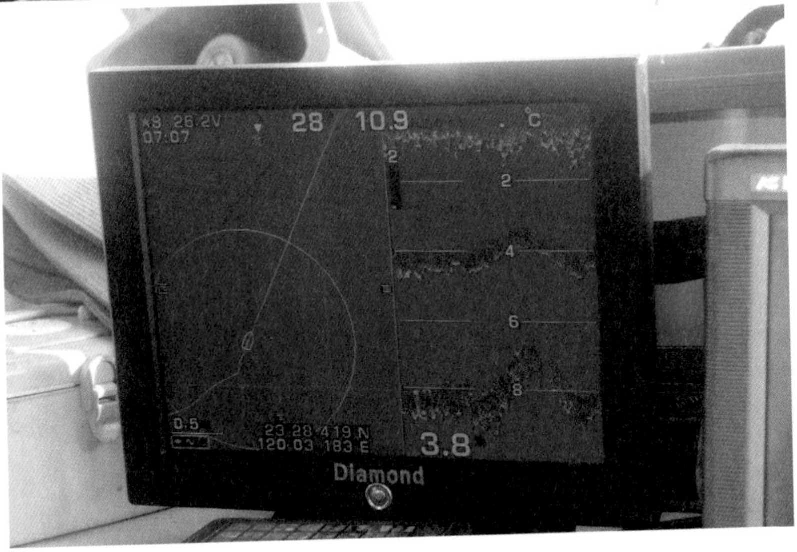

上：小鍾哥拍攝外傘頂洲。
下：魚探機顯示航跡已在陸地上。

「他們是我的客人啦！」待小艇採蚵夫婦目送我們離開那片水域，船長笑咪咪地轉頭跟我介紹，又往前開到了深兩米多的海域，才按下GPS確立今天的第一個測點。

最後一網滿載

我們約莫是在九點半左右抵達八掌溪出海口的。

中部外海一如航行經驗豐富的水下攝影師金磊所說，就是灰濛濛的、綠綠的，地景也因為潮間帶淺灘綿延數里，航行不易靠近，加上空汙及霾害，陸地顯得又遠又模糊。幸好，今天的氣候晴朗，雖然在返航的途中，已經出現了一些湧浪，但對於經歷過更刺激海況的我們而言，這樣的航行還是在舒服的範疇裡。

出海前我曾經問過船長，在他常航行的海域是否有見過垃圾聚集的潮界？船長告訴我內海看到垃圾的機率比外海多一些，不過我們所說的「潮界線」在中部海域並不明顯，所以船長也沒有把握是否可以在海上找到。

就在船隻即將靠近八掌溪出海口的位置，我們行經了一條漂流物聚集的潮界線，起先是一些細碎的小泡沫，接著看到較多的樹枝、布袋蓮、糾纏的草莖，夾雜著一些大型的漂流垃圾如水桶、塑膠籃、寶特瓶、藥酒瓶等等，慢慢地看到比較細碎的塑膠碎片——我和研究員小八對望了一眼，決定將此做為今天的第二個檢測點。下網之後，我們同時用相機、DV記錄了這一片較多塑膠微粒聚集的潮界線，十五分鐘後起網，網袋沉甸甸的，撈到了中部海域最大量、最明顯的塑膠微粒樣本；而在經過半年後分析所有樣本的結果，也顯示了這個測點就是全臺灣五十一個採樣點中，塑膠微粒最密集的測點。

船隻從八掌溪出海口返航至布袋漁港外海的半個多小時以後，小八和世潔才把Manta網內收集到的樣本和垃圾，全數從網子裡淘洗出來。迎接著我們入港的是一望無際、數以千計的蚵棚架，如同我們出港所見的景象一樣震撼。彰化王功、嘉義東石，一直到臺南安平，周遭沿海都有大量的蚵棚架，而蚵養殖產業也成了這些城鎮重要的收入來源。進到小鎮觸目所及，幾乎家家戶戶門前都堆滿了一籃一籃採收

八掌溪出海口垃圾漂流帶。

上：小八與世潔將沉重的Manta trawl 拉上來。
下：臺灣海域塑膠微粒密度最高的檢測點。

上來的蚵，婦女們聚集在家門口辛勤地處理蚵殼，以腳踏實地的勞動力換取家庭的溫飽；然而，這些蚵架之間填充的泡棉浮具，卻也成了中西南部海岸最常見的漁具廢棄物。

直到「大航號」再度進港靠岸，我們才放棄遇見白海豚的妄想。

滿載的海洋廢棄物、密集的流刺網漁法施作、即將開發的風力發電廠區，與白海豚並存在這片離陸地不遠的沿近海域，當船長指著靠近港區的一條浮著泡沫的潮界線說：「這是之前白海豚出現過的地方。」我一面盼望著瞥見白海豚的身影，一面卻又希望牠們找到更適合生存的棲地——航程最終，看見的垃圾比遇見的生物還要多，這幾乎已經成為某種宿命或預言了。

進港航道內滿布的蚵架。

後記

島航普拉斯，黑潮仍在海上

張卉君——文

研究調查，是對疑問孤獨而漫長的追尋。

比起目不暇給的燦爛煙火，也許黑暗中點燃一盞盞昏黃燈光，更貼近研究調查的狀態，我們在暗夜中持續找光。特別是面對神祕複雜而遼闊無邊的海洋，沒有捷徑，唯有投入更多長久的承諾，去慢慢認識她，那些美好的和殘敗的，全都是追索的端點。

何其有幸，我們被臺灣島上的蔥鬱高山與豐美海洋所圍繞、滋養，本應是深具海洋文化的海島子民。然而，海岸線上一座座消波塊戒斷了島民與海洋之間的文化記憶與情感流動，合理地隱絕了陸域與海域生活的關聯性，長久以來對海洋的封鎖造成陌生與恐懼，而失去了向外探索、連結的能力——這是陸上「黑潮」重新啟航的出發點，透過海上航行、研究調查、創作記錄等擅長的方式，完成當前第一筆全臺海域調查記錄的「島航計畫」。

「島航」的過程中，我們發現人為廢棄物對海洋的影響日漸攀升，在二〇一八年十六天的航程採樣的五十一罐海水樣本中，每一罐裏面都分析出了大小不一的塑膠微粒（micro plastic）。這些塑膠微粒是來自廢棄的塑膠製品或製成塑膠品的原料，經過陸域、河流沖刷排放或其他海域漂流而來到海上，它們裂解成小於五公釐的塑膠碎片，經年累月地漂流在海域之中，甚至從表層海水沉降到幾千公尺深的水域，直至肉眼看不見的細小分子，卻不會憑空消失，而是頑固地攜帶了各種環境中的化學物質，透過食物鏈的循環再次回到人類的身體裡。

透過記者會、展覽及文字記錄，「黑潮」試著將海上看到的狀況透過各種管道傳遞給陸地上的朋友們，「島航」調查結果一度掀起了媒體報導的熱潮，也促使民意代表問責於相關主管機關，召開討論協商會議；除此之外，我們也長期參與在環保署與NGO團體定期召開的「海廢治理平臺會議」中，與環團夥伴一起推動環保署的各項環境政策與限塑禁令。然而現有的調查結果僅能呈現出海域的「現象」，卻不足以回答「成因」，我們需要更進一步透過長期的調查提供線索，尋找可能改變的契機。

於是在二〇一九年，「黑潮」在有限的經費與人力資源條件下，仍決定從「島航」調查結果中塑膠微粒密集度最高的「東北海域」（南方澳內埤—龜山島—基隆潮境—和平島）和「西南海域」（嘉義八掌溪—小琉球—高屏溪出海口）兩段海域著手，增加季節變因，以相同方式進行四季（3、6、9、11月）調查，觀察洋流及海漂垃圾聚集的狀況，盼能累積研究數據，進一步提供作為海廢治理的政策依據，並監督公部門以「逐年減少海鮮、食鹽、飲用水中塑膠微粒含量」為目標，提出政策落實方向。

民眾的意識是推動政策改變最重要的力量，「黑潮」仍在海上，接下來的調查亦沒有公費支持，需要和我們一樣關心海洋環境的公民們一起來協力！邀請您透過捐款支持成為我們的槳，一起為推動海洋更好的未來而努力！

專案捐款：

二〇一九年四季塑膠微粒調查船班

定期定額及單筆捐款支持：

成為黑潮的槳，一起守護藍色國土

黑潮島航團隊工作圖

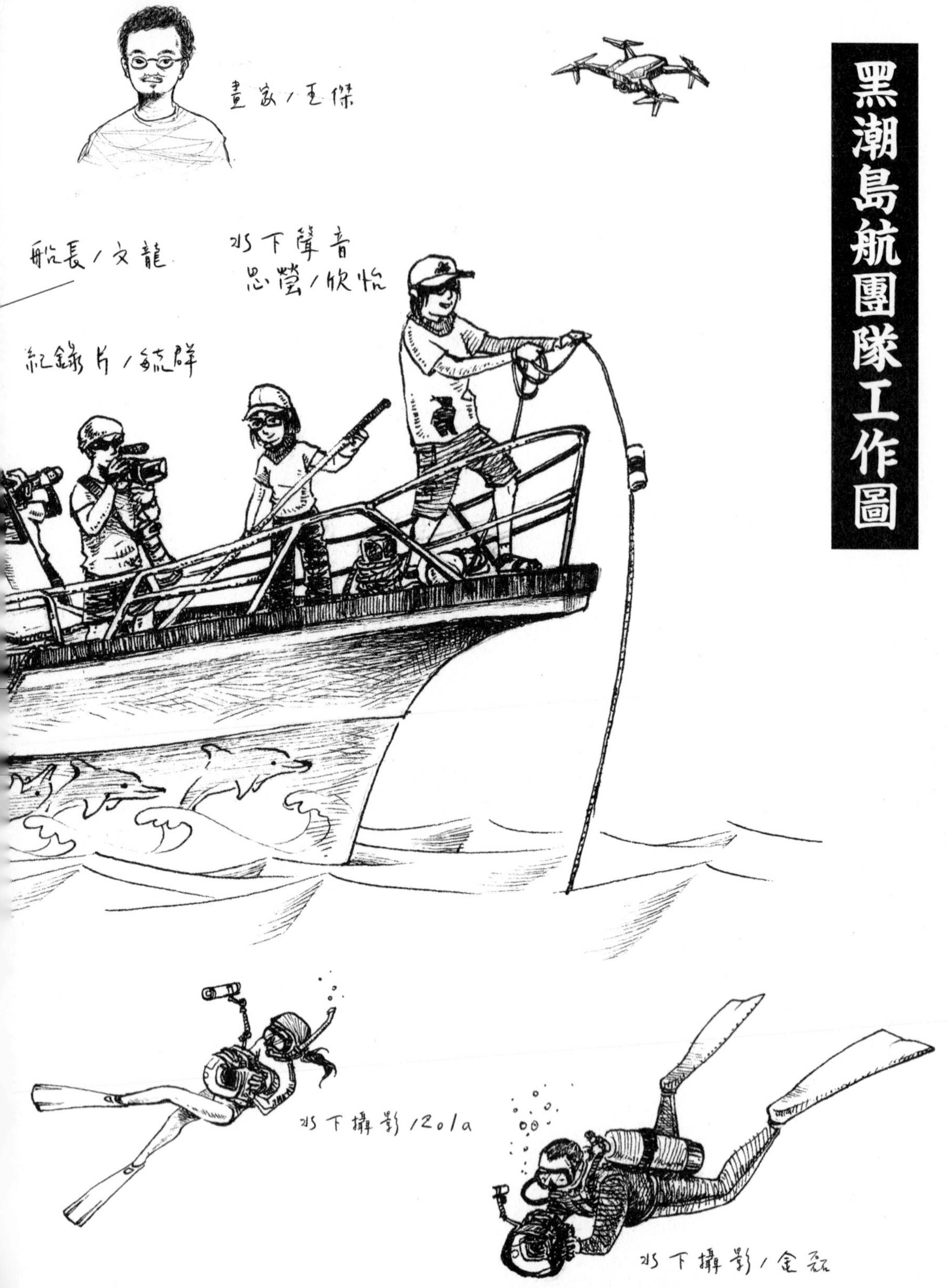
畫家／王傑
船長／文龍
水下聲音
思瑩／欣怡
紀錄片／航群
水下攝影／Zola
水下攝影／金磊

計畫總籌／卉君（洪亮）
海漂目視
君珮／靖淳／彥翔
航管／惠芳
作家／吳明益
溶氧操作／冠榮
塑膠微粒操作
珮玲（小八）
島航
JURUMOAN
船醫務組
子恒／阿甘
怡安
紀錄片／小鐘哥
攝影
信儒／東良
島航
大萱
歐陽
世潔
泓旭
補給一號

黑潮島航團隊航海日誌

20180530

南風順航

啟航：花蓮漁港／抵港：基隆八斗子漁港
記錄：夏尊湯

出航前請溪伯來幫我們拜船頭祈福，看到溪伯心裡就溫暖，溪伯總慈祥地關照我們，溪伯在就心安。看到好久不見的林大哥，我忍不住要抱抱，感謝林大哥一路支持陪伴著我們，二十年真不容易，讓「黑潮」孕育了這麼多海洋好夥伴，在臺灣各地努力地傳遞愛海的浪潮。林大哥講的話讓我很感動，他說多年前廖大哥邀他上船體驗大浪鏢旗魚的感受，看著大浪，他在三樓，其實是害怕的，但他仍然覺得要繼續航向海洋。如果不是賞鯨船，他的生活會離海洋多麼遙遠而無關聯，但我們竟要相隔十五年才能再遶島，而且到了出發前，還有公文繁雜的規定及諸多問題……

20180531

風來了

啟航：基隆八斗子漁港／抵港：桃園永安漁港
記錄：廖君珮

今天過了八尺門後一路都是逆浪，非常刺激，啪啪啪的水花不斷濺起，遇到浪高時船長會怠速，讓船身直接順浪而下非常刺激。但就在我內心吶喊「好刺激」手緊緊抓著欄杆的同時，有的夥伴在二樓就直接靠著欄杆呈現趴睡姿休息，實在太厲害了。而從沒出海過這麼長時間的王傑老師，竟然也神奇地有「不暈體質」在船上早已經創作好幾幅畫！總之下船時沒有人是乾的。

20180601

原來，情感是靠修復增生的。

停靠：桃園永安漁港
記錄：林東良、歐陽夢芝

船長再次利用船上的三支油漆刷，以金屬部分做為支架，類似對骨折患者的緊急固定處理，將天線接回。安裝回三樓甲板時，永安漁港的風依舊強烈，正好為我們做測試，一句臺語俗諺突然浮現腦海，並隨口說出「打斷手骨顛倒勇」！修復完成，大夥在一樓甲板休息閒聊，王傑老師一邊畫著永安漁港，突然發覺「島航」至此，我們這群人的情感也如老師的畫般有了顏色。

20180602

持續靠港停留

停靠：桃園永安漁港
串聯：珍愛桃園藻礁
記錄：李怡萱、陳冠榮、簡毓群

潘忠政老師今日說了兩次「不是我們在搶救藻礁，是牠們在自救，也是在救我們」。臺灣因為種種人為規範或政經的操弄而有了區分、有了顏色，我來自東岸，你來自西岸，我是臺北人，他是高雄人，試問自然萬物會這樣分嗎？我們在同一片故土被滋養，在同一片海洋被環抱，萬物皆平等，是該享有自在生活的權利。

20180603

回到海上

啟航：桃園永安漁港／抵港：臺中梧棲漁港
記錄：陳惠芳、溫珮珍

為了盡量趕在十點起風前將檢測做完，早上三點就起床整理前往碼頭，環顧四周還是漆黑一片，除了港口建築的燈光映在海面上。一大早出海真有點頭昏腦脹，不過抵達測點前總還有些時間準備器材和腦袋，依著心裡順序整理設備：Manta 撈網、確定流速計、補充洗滌瓶裡的酒精、拿出新的記錄紙……，感覺腦袋跟心情也就整理好了。

20180604

第一座拜訪的離島

啟航：臺中梧棲漁港／抵港：澎湖赤馬漁港
記錄：徐子恒、林泓旭

進入澎湖海域後，因暗礁很多，大家神經繃緊，幫忙船長緊盯著海圖和深度儀，直到通過查坡嶼和查某嶼後，氣氛才輕鬆一些。後來和陳盡川船長會合後，在船長帶領下，進入馬公內港和海墘嶼測點，能認識如此熱血的海人，深感榮幸。

20180605

誰說這條航道不易遇到海豚？

啟航：澎湖赤馬漁港／抵港：臺南安平漁港
記錄：吳明益

界於澎湖及安平之間海域，發現七隻瓶鼻海豚，在「小多」附近游動，並出現交配行為。船上伙伴都極為興奮，紛紛拿出相機拍照。金磊使用水下 GoPro 錄影，簡毓群放出空中攝影機，欣怡則嘗試水下錄音，一度請求「小多」熄火靜音。

20180606

篩網拖不動的後勁溪

啟航：臺南安平漁港／抵港：高雄蚵仔寮漁港

記錄：林思瑩

後勁溪口外海，漂浮許多垃圾，有玻璃類、塑膠類。此海域採樣工作結束後，金磊伸 GoPro 到水中，拍攝水中垃圾畫面。一直知道海上有許多垃圾，在自己的家鄉高雄外，親眼所見，感覺還滿複雜的。

20180607

海面上的咖啡泡沫

啟航：高雄蚵仔寮漁港／抵港：小琉球白沙漁港

記錄：謝宜蓉、「黑潮」即時新聞稿

海面上驟然出現一條清晰的泡沫潮界線，在清晨的陽光照射下，海面上橫亙迤邐近一公里的可視範圍，都布滿了呈現灰白色奶泡狀的泡沫潮線，濃密且散發出濃重的發酵氣味，在海面上持續聚集推擠。

20180608

最南端

啟航：小琉球白沙漁港／抵港：屏東後壁湖漁港
記錄：甘秋素、李根政

目視這些東西，有從陸上來的薄塑膠碎片、油漆碎片、枯葉、草枝、種子，屬於海洋的是藻類。至於這次調查的重點「塑膠微粒」有多少數量和重量等，還有待檢驗。大海是生命的起源，無數生命的家園，也是供養人類的糧倉，但竟也成了最大和最終的垃圾場。

20180609

最漫長又熟悉的一天

啟航：屏東後壁湖漁港／抵港：臺東成功漁港
記錄：簡毓群、余欣怡

偽虎鯨顯得相當謹慎，母子對中的核心群體很緊密，彼此緊鄰在一起游泳，方向與動作一致，而周邊散有其他體型較大的雄性偽虎鯨，則各自游動。短短觀察十分鐘內，工作人員拍攝照片，盡量蒐集背鰭的正側面特徵以利後續做個體辨識，看看與宜花東海域的偽虎鯨是否有同樣個體。

20180610

成為「槳」，回家！

啟航：臺東成功漁港／抵港：花蓮漁港
記錄：盧怡安

八艘「蘇帆」的獨木舟，已出現在船隻一點鐘方向不遠處，「不老水手」團隊好熱情，在船上又叫又笑的，甚至還為我們送來一顆鳳梨！其中有幾位，也是今年參與「黑潮」解說培訓的學員，東海岸兩個推廣海洋的組織，成為彼此的槳，這樣的交流多麼美好，真是太值得紀念的一刻！

20180627

補測——人之島

啟航：臺東富岡漁港／抵港：蘭嶼開元漁港
記錄：温珮珍、夏尊湯、陳冠榮、林東良

阿文向來木訥，不擅言辭，但是眉頭的皺摺卻無法隱藏，我們「安慰」他說：「這已經是我們撈了四十幾個測點，數一數二乾淨的一瓶了。」但他似乎沒有被撫慰的樣子，自顧自的說著：「你們應該冬天來的……夏天，流太強了，垃圾都被帶走了……」，「可是冬天啊……」我們也跟著木訥起來。

20180717

補測——彰濱海域

啟航／抵港：彰化崙尾灣漁港

記錄：黃世潔、林泓旭

這段測點我們設了王功外海以及濁水溪口，此段的海岸漲退潮高度差了四米，為了安全，我們航行在五米以上的深度，但也因此與岸上有不小的距離，只能遠遠地看見一座座的風機以及冒著煙的煙囪，在迷濛的煙霧之中。這次兩個測點撈到的垃圾量並不大，在王功測點撈到了三隻魚苗，難怪沿途有許多海鷗一直跟著船，忽而高飛忽而俯衝入水，獵食船駛過被驚擾而跳出水面的小魚，有的小魚甚至一跳就跳上了船的甲板。

20180718

補測——嘉義外海

啟航／抵港：嘉義布袋漁港

記錄：張卉君

滿載的海洋廢棄物、密集的流刺網漁法施作、即將開發的風力發電廠區，與白海豚並存在這片離陸地不遠的沿近海域，當船長指著靠近港區的一條浮著泡沫的潮界線說：「這是之前白海豚出現過的地方。」我一面盼望著瞥見白海豚的身影，一面卻又希望牠們找到更適合生存的棲地——航程最終，看見的垃圾比看見的生物還要多，這幾乎已經成為某種宿命或預言了。

臺灣沿海海水表層塑膠微粒初步調查報告

採樣瓶圖集

• 前言 •

面對全球氣候變遷及海洋環境惡化，2018 年夏天，黑潮海洋文教基金會策劃「島航計畫」，透過開船遶行臺灣海域一周，並前往澎湖、小琉球、蘭嶼等離島，為期 16 天選擇 51 個測點進行「海洋廢棄物及塑膠微粒」、「水下聲音及噪音」、「海水溶氧量」三項研究。

這些研究項目跟我們的生活有什麼關係呢？這是臺灣第一份關於塑膠微粒在臺灣海域分布的記錄資料，可望作為未來探討海洋環境與人類健康生活之依據；而水下聲音的採集作為臺灣海域水下聲景地圖，提供聲學研究者探討漁業、軍事及水下工程等人為噪音，對鯨豚及其他海洋生物可能造成的擾動；透過海水溶氧的數值，有助於了解廢水排放和工業開發等人為汙染對周遭海域水質的影響。

本附錄為「島航計畫」中以 Manta Trawl（表水層拖網）撈取臺灣沿海海水表層所得之原始採樣瓶，並計算瓶內各類塑膠微粒個數及總配比分析結果。

• 塑膠微粒採樣方式 •

參考美國五大環流基金會（5 Gyres Institute）設計的網具Manta Trawl和分析方法。採樣前將 Hydro-Bios 流速計固定於 Manta Trawl 網口，用以計算拖行距離。船抵達測點後，記錄流速計起始數值、GPS 座標、拖網起始時間、測點經緯度等採樣數值，及天氣、水溫、鹽度、水深等環境數值。同時將 Manta Trawl 放下至沒入水中後，以平均船速約 2 節拖行 15 分鐘進行採樣。拖行結束後將 Manta Trawl 拉起，並將網內樣品全數沖洗至樣品瓶中，加入 70%酒精，標示測點名稱後保存。在計算出各測點的塑膠數量後，得分析出塑膠微粒的分布情況。本附錄後方採樣瓶圖集為每個測點撈取蒐集之樣品，保有生物體、非生物體及部分海水。

• 什麼是「塑膠微粒」 •

所謂塑膠微粒（Micro plastic）在國際學術界的定義為直徑小於 5mm 的塑膠碎片。依外型跟材質粗略分成 5 種類型：硬塑膠（Fragments，大型塑膠製品的碎片，如寶特瓶、包裝盒、玩具）、軟塑膠（Films，如塑膠袋、包裝紙）、發泡塑膠（Foams，如保麗龍）、塑膠纖維（Lines/Fibers，如釣魚線、漁網或人造纖維產品）、圓形塑膠粒（Pellets，塑膠原料）。

• 來源 •

海域中塑膠微粒形成有許多來源，主要是各種人造塑膠用品如保麗龍、塑膠袋、寶特瓶、塑膠包裝紙、瓶蓋、吸管、塑膠飲料杯及各種人造纖維產品，經過光照導致脆化或是外力造成斷裂，進而不斷破碎形成；各式塑膠製品及塑膠原料、衣物纖維等，也可能經由都會區地下水道、農業灌溉渠道、河川逕流等途徑流入海洋。

壹

北部海域

北部海域共計 7 個測點，分別為：龍洞、深澳、潮境、和平島外海、富貴角、淡水河出海口、觀音藻礁。

塑膠微粒數量較多的地點為和平島外海及龍洞附近海域；主要組成以硬塑膠為主，占了 80% 以上，也是 5 個海域中硬塑膠比例最高的海域。

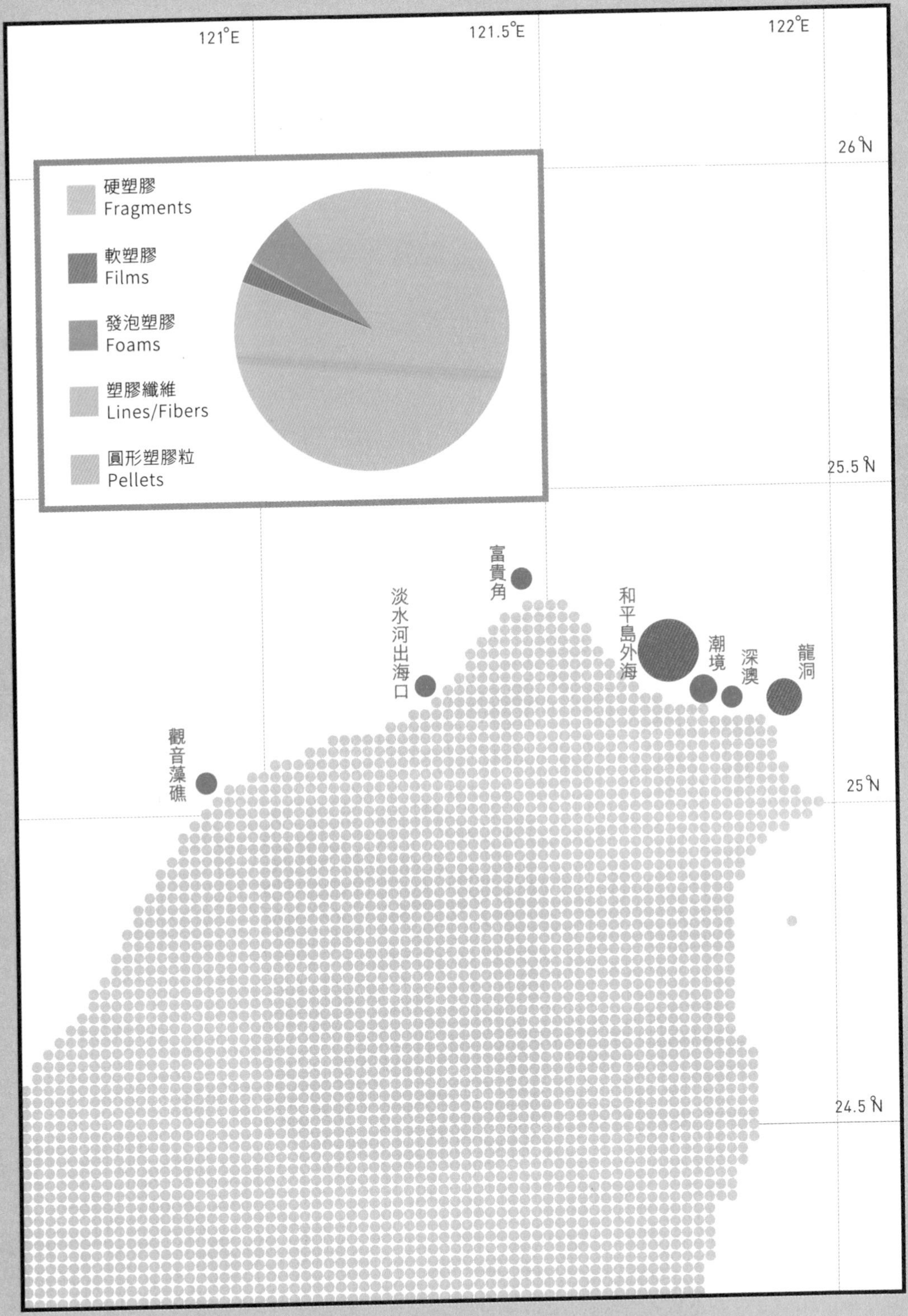
121°E
121.5°E
122°E
26°N
25.5°N
25°N
24.5°N
硬塑膠
Fragments
軟塑膠
Films
發泡塑膠
Foams
塑膠纖維
Lines/Fibers
圓形塑膠粒
Pellets
富貴角
淡水河出海口
觀音藻礁
和平島外海
潮境
深澳
龍洞

新北市 龍洞

156	硬塑膠 Fragments
3	軟塑膠 Films
10	發泡塑膠 Foams
10	塑膠纖維 Lines/Fibers
0	圓形塑膠粒 Pellets

新北市 深澳

35	硬塑膠 Fragments
0	軟塑膠 Films
5	發泡塑膠 Foams
7	塑膠纖維 Lines/Fibers
0	圓形塑膠粒 Pellets

基隆市 潮境

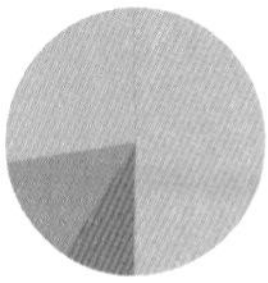

56 硬塑膠 Fragments
10 軟塑膠 Films
15 發泡塑膠 Foams
30 塑膠纖維 Lines/Fibers
0 圓形塑膠粒 Pellets

基隆市 和平島外海

573 硬塑膠 Fragments
7 軟塑膠 Films
9 發泡塑膠 Foams
24 塑膠纖維 Lines/Fibers
3 圓形塑膠粒 Pellets

新北市 富貴角

0	硬塑膠	Fragments
0	軟塑膠	Films
1	發泡塑膠	Foams
10	塑膠纖維	Lines/Fibers
1	圓形塑膠粒	Pellets

新北市 淡水河出海口

29	硬塑膠	Fragments
0	軟塑膠	Films
10	發泡塑膠	Foams
5	塑膠纖維	Lines/Fibers
0	圓形塑膠粒	Pellets

觀音藻礁

桃園市

10 硬塑膠 Fragments

2 軟塑膠 Films

2 發泡塑膠 Foams

4 塑膠纖維 Lines/Fibers

0 圓形塑膠粒 Pellets

貳

西部海域（含澎湖）

西部海域共計 17 個測點，分別為：頭前溪出海口、後龍溪出海口、苑裡、高美濕地、王功外海、濁水溪出海口、北港溪出海口、八掌溪出海口；及澎湖：鳥嶼、馬公內港、海墘嶼、鋤頭嶼北面、東吉嶼碼頭、東吉嶼薰衣草森林、西吉嶼舊碼頭、西吉嶼藍洞北面、臺南外海。

其中以八掌溪出海口、頭前溪出海口及濁水溪出海口塑膠微粒數量較多，八掌溪出海口不僅是全臺最高，在這個測點也計數到最多圓形塑膠粒，占此地區總量的 6.9%，遠高於其他海域。

圓形塑膠粒來源大多為塑料加工原料，推測與上游或鄰近縣市的工廠活動有關。而離島澎湖相對於臺灣沿海乾淨許多，但實際上澎湖各島海岸線上皆有許多大型垃圾堆積，而非漂流於海中，是否主要受洋流及季風影響，未來可納入洋流流向及風向等因素進行相關分析。

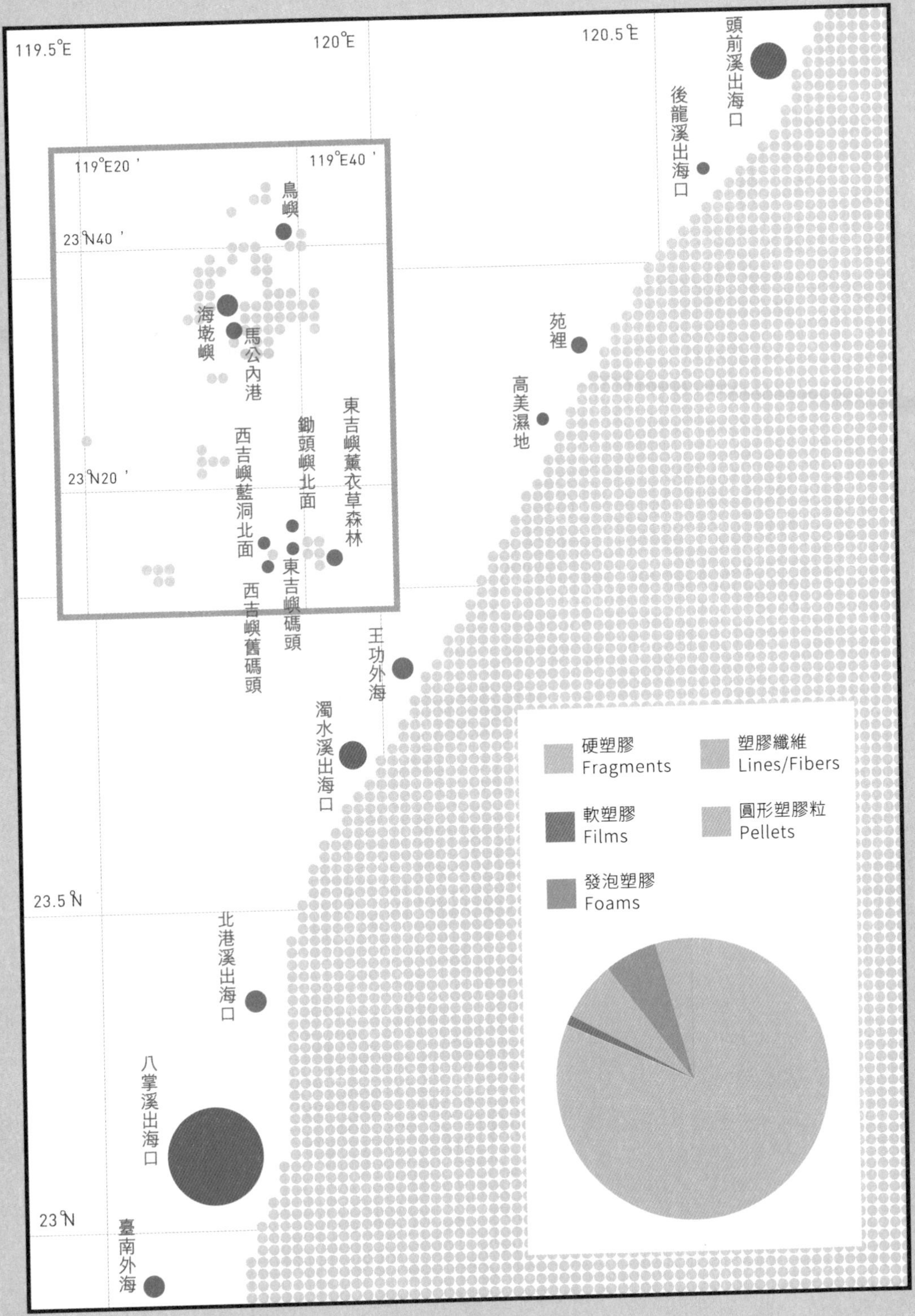

119.5°E
120°E
120.5°E
119°E20'
119°E40'
23°N40'
23°N20'
23.5°N
23°N
頭前溪出海口
後龍溪出海口
苑裡
高美濕地
鳥嶼
海墘嶼
馬公內港
西吉嶼藍洞北面
鋤頭嶼北面
東吉嶼薰衣草森林
東吉嶼碼頭
西吉嶼舊碼頭
王功外海
濁水溪出海口
北港溪出海口
八掌溪出海口
臺南外海
硬塑膠
Fragments
塑膠纖維
Lines/Fibers
軟塑膠
Films
圓形塑膠粒
Pellets
發泡塑膠
Foams

頭前溪出海口

新竹市

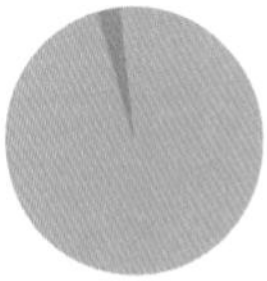

139	硬塑膠	Fragments
0	軟塑膠	Films
4	發泡塑膠	Foams
3	塑膠纖維	Lines/Fibers
0	圓形塑膠粒	Pellets

後龍溪出海口

苗栗縣

3	硬塑膠	Fragments
0	軟塑膠	Films
2	發泡塑膠	Foams
0	塑膠纖維	Lines/Fibers
0	圓形塑膠粒	Pellets

苗栗縣 苑裡

6 硬塑膠 Fragments
0 軟塑膠 Films
3 發泡塑膠 Foams
3 塑膠纖維 Lines/Fibers
0 圓形塑膠粒 Pellets

臺中市 高美濕地

1 硬塑膠 Fragments
0 軟塑膠 Films
0 發泡塑膠 Foams
1 塑膠纖維 Lines/Fibers
0 圓形塑膠粒 Pellets

王功外海
彰化縣

22	硬塑膠 Fragments
10	軟塑膠 Films
0	發泡塑膠 Foams
4	塑膠纖維 Lines/Fibers
0	圓形塑膠粒 Pellets

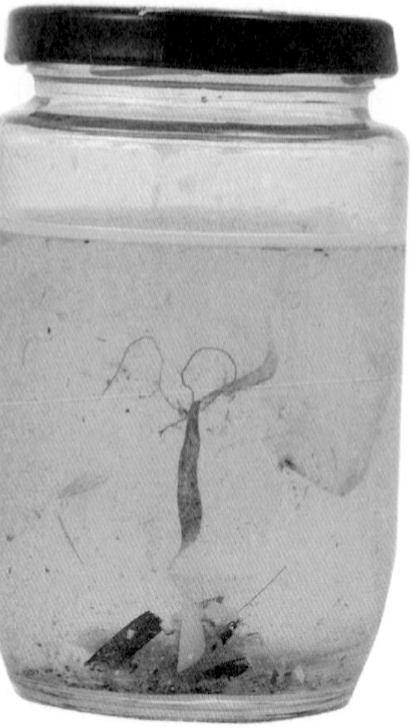

濁水溪出海口
彰化縣、雲林縣

96	硬塑膠 Fragments
7	軟塑膠 Films
31	發泡塑膠 Foams
13	塑膠纖維 Lines/Fibers
0	圓形塑膠粒 Pellets

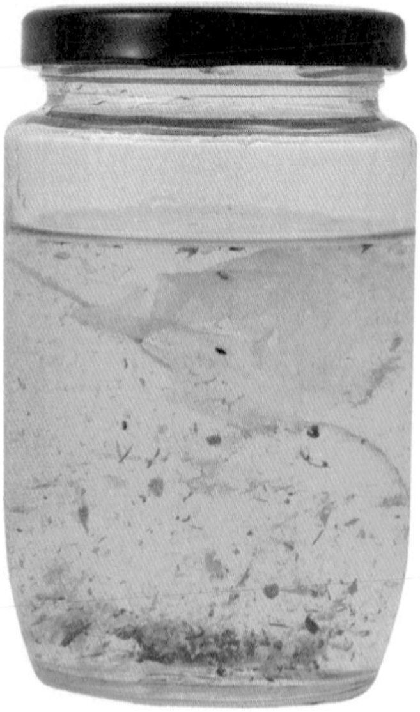

北港溪出海口

雲林縣、嘉義縣

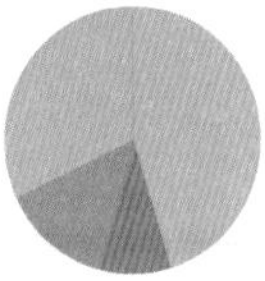

- 10 硬塑膠 Fragments
- 2 軟塑膠 Films
- 3 發泡塑膠 Foams
- 7 塑膠纖維 Lines/Fibers
- 0 圓形塑膠粒 Pellets

八掌溪出海口

嘉義縣

- 5788 硬塑膠 Fragments
- 65 軟塑膠 Films
- 407 發泡塑膠 Foams
- 283 塑膠纖維 Lines/Fibers
- 516 圓形塑膠粒 Pellets

澎湖縣 鳥嶼

3 硬塑膠 Fragments
0 軟塑膠 Films
1 發泡塑膠 Foams
7 塑膠纖維 Lines/Fibers
0 圓形塑膠粒 Pellets

澎湖縣 馬公內港

1 硬塑膠 Fragments
1 軟塑膠 Films
2 發泡塑膠 Foams
2 塑膠纖維 Lines/Fibers
0 圓形塑膠粒 Pellets

澎湖縣 海墘嶼

13 硬塑膠 Fragments
0 軟塑膠 Films
4 發泡塑膠 Foams
0 塑膠纖維 Lines/Fibers
0 圓形塑膠粒 Pellets

澎湖縣 鋤頭嶼北面

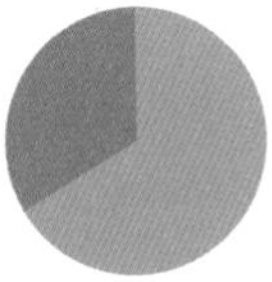

2 硬塑膠 Fragments
0 軟塑膠 Films
1 發泡塑膠 Foams
0 塑膠纖維 Lines/Fibers
0 圓形塑膠粒 Pellets

東吉嶼碼頭

澎湖縣

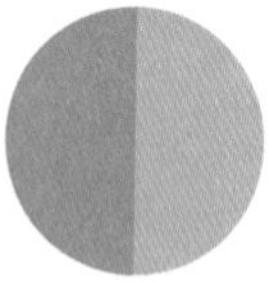

2 硬塑膠 Fragments

0 軟塑膠 Films

2 發泡塑膠 Foams

0 塑膠纖維 Lines/Fibers

0 圓形塑膠粒 Pellets

東吉嶼薰衣草森林

澎湖縣

2 硬塑膠 Fragments

1 軟塑膠 Films

0 發泡塑膠 Foams

3 塑膠纖維 Lines/Fibers

0 圓形塑膠粒 Pellets

澎湖縣 西吉嶼舊碼頭

1	硬塑膠 Fragments
0	軟塑膠 Films
0	發泡塑膠 Foams
0	塑膠纖維 Lines/Fibers
0	圓形塑膠粒 Pellets

澎湖縣 西吉嶼藍洞北面

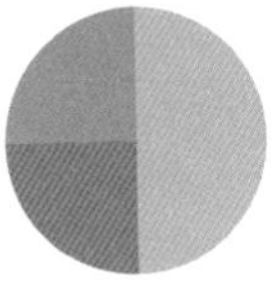

2	硬塑膠 Fragments
1	軟塑膠 Films
1	發泡塑膠 Foams
0	塑膠纖維 Lines/Fibers
0	圓形塑膠粒 Pellets

臺南外海

臺南市

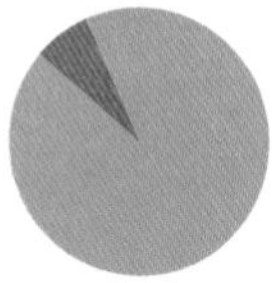

37	硬塑膠 Fragments	
3	軟塑膠 Films	
0	發泡塑膠 Foams	
3	塑膠纖維 Lines/Fibers	
0	圓形塑膠粒 Pellets	

參

西南部海域(含小琉球)

西南部共計 13 個測點，分別為：曾文溪出海口、安平新港外、二仁溪出海口、後勁溪出海口、高屏溪出海口、楓港溪出海口、四重溪出海口、南灣墾丁大街外、鵝鑾鼻燈塔；及小琉球：花瓶岩、杉福漁港、厚石裙礁、龍蝦洞。

本區是各項人為活動最頻繁的區域，其中曾文溪出海口、安平新港外、後勁溪出海口、高屏溪出海口、楓港溪出海口以及小琉球的花瓶岩、龍蝦洞、厚石裙礁等 8 個測點塑膠微粒數量皆相對偏高，同時也撈到較多海漂垃圾。此區域硬塑膠比例最高，但可能來自塑膠袋、食品包裝的軟塑膠占 9.7%；漁業活動如支撐蚵棚架的發泡塑膠占 6.9%。

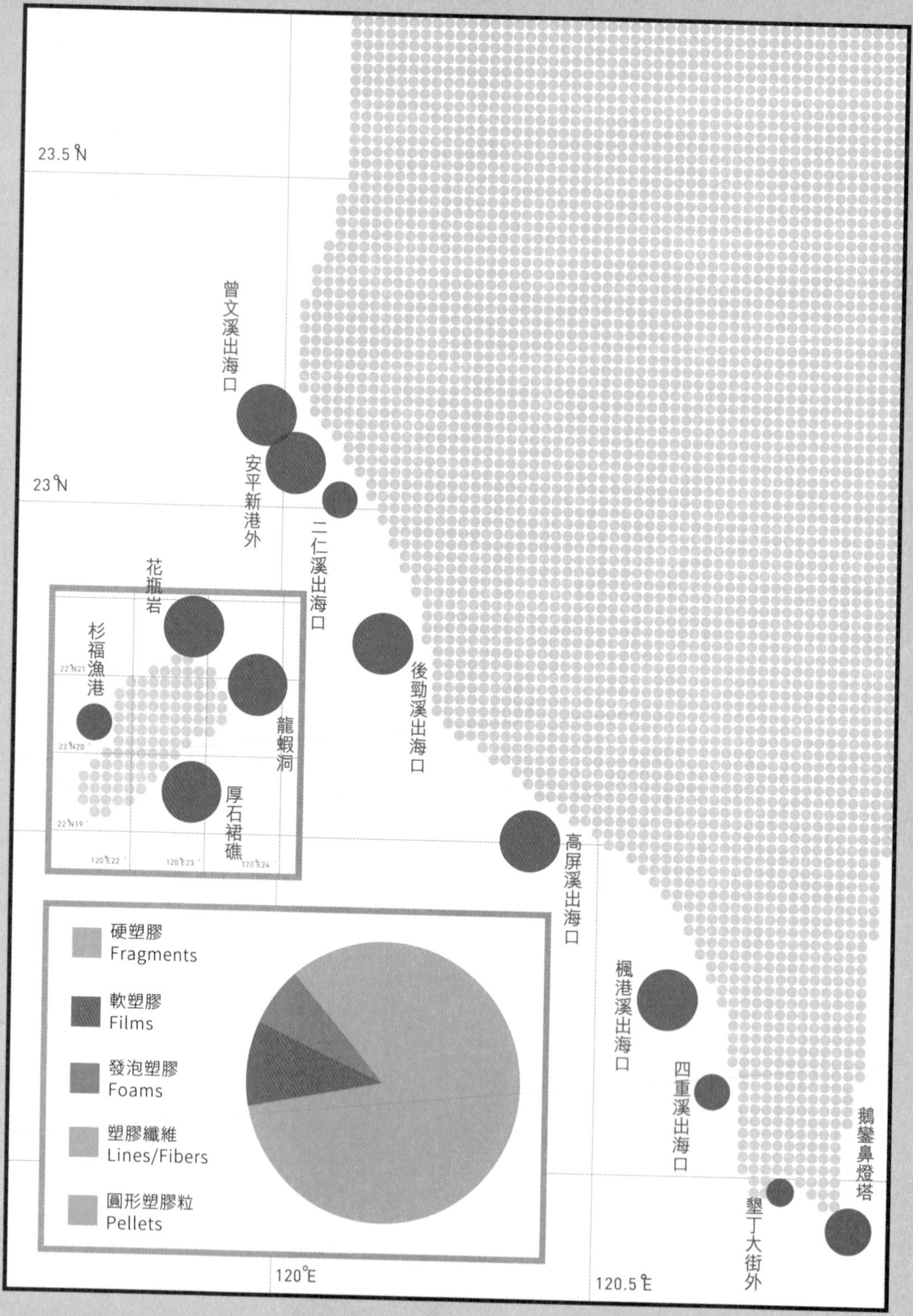
23.5°N
23°N
曾文溪出海口
安平新港外
二仁溪出海口
花瓶岩
杉福漁港
龍蝦洞
厚石裙礁
22°N21'
22°N20'
22°N19'
120°E22'
120°E23'
120°E24'
後勁溪出海口
高屏溪出海口
楓港溪出海口
四重溪出海口
墾丁大街外
鵝鑾鼻燈塔
硬塑膠
Fragments
軟塑膠
Films
發泡塑膠
Foams
塑膠纖維
Lines/Fibers
圓形塑膠粒
Pellets
120°E
120.5°E

臺南市 曾文溪出海口

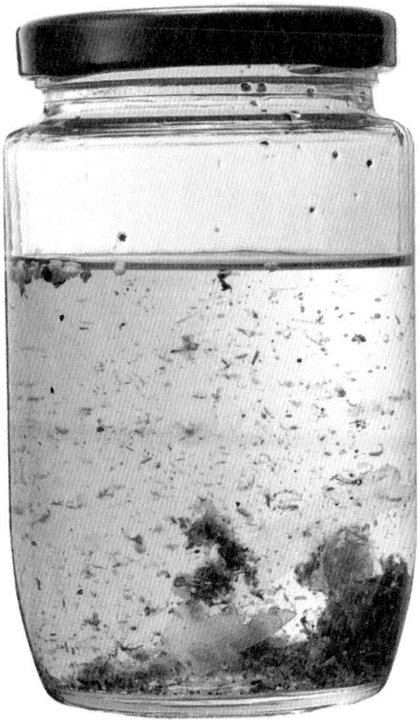

109	硬塑膠 Fragments
0	軟塑膠 Films
19	發泡塑膠 Foams
6	塑膠纖維 Lines/Fibers
0	圓形塑膠粒 Pellets

臺南市 安平新港外

156	硬塑膠 Fragments
0	軟塑膠 Films
3	發泡塑膠 Foams
1	塑膠纖維 Lines/Fibers
0	圓形塑膠粒 Pellets

二仁溪出海口

臺南市、高雄市

16 硬塑膠 Fragments
0 軟塑膠 Films
2 發泡塑膠 Foams
0 塑膠纖維 Lines/Fibers
0 圓形塑膠粒 Pellets

後勁溪出海口

高雄市

267 硬塑膠 Fragments
89 軟塑膠 Films
26 發泡塑膠 Foams
106 塑膠纖維 Lines/Fibers
0 圓形塑膠粒 Pellets

高屏溪出海口

高雄市、屏東縣

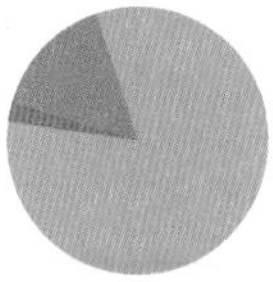

235	硬塑膠 Fragments
7	軟塑膠 Films
46	發泡塑膠 Foams
15	塑膠纖維 Lines/Fibers
0	圓形塑膠粒 Pellets

楓港溪出海口

屏東縣

189	硬塑膠 Fragments
2	軟塑膠 Films
5	發泡塑膠 Foams
15	塑膠纖維 Lines/Fibers
0	圓形塑膠粒 Pellets

屏東縣 四重溪出海口

17 硬塑膠 Fragments
1 軟塑膠 Films
0 發泡塑膠 Foams
4 塑膠纖維 Lines/Fibers
0 圓形塑膠粒 Pellets

屏東縣 南灣墾丁大街外

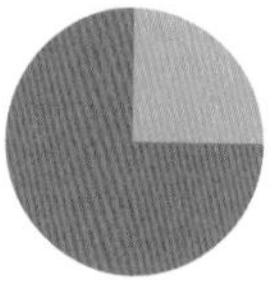

2 硬塑膠 Fragments
6 軟塑膠 Films
0 發泡塑膠 Foams
0 塑膠纖維 Lines/Fibers
0 圓形塑膠粒 Pellets

屏東縣 鵝鑾鼻燈塔

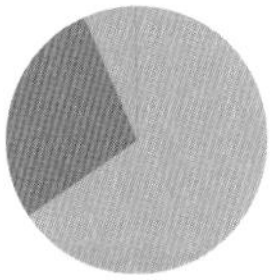

52 硬塑膠 Fragments
22 軟塑膠 Films
0 發泡塑膠 Foams
5 塑膠纖維 Lines/Fibers
0 圓形塑膠粒 Pellets

屏東縣 小琉球花瓶岩

119 硬塑膠 Fragments
76 軟塑膠 Films
10 發泡塑膠 Foams
72 塑膠纖維 Lines/Fibers
0 圓形塑膠粒 Pellets

屏東縣 小琉球杉福漁港

15 硬塑膠 Fragments
5 軟塑膠 Films
3 發泡塑膠 Foams
0 塑膠纖維 Lines/Fibers
0 圓形塑膠粒 Pellets

屏東縣 小琉球厚石裙礁

77 硬塑膠 Fragments
115 軟塑膠 Films
23 發泡塑膠 Foams
60 塑膠纖維 Lines/Fibers
0 圓形塑膠粒 Pellets

35 硬塑膠 Fragments
104 軟塑膠 Films
10 發泡塑膠 Foams
58 塑膠纖維 Lines/Fibers
0 圓形塑膠粒 Pellets

屏東縣 小琉球龍蝦洞

東北部海域

東北部海域共計 5 個測點，分別為：頭城垃圾熱點、內埤海灣、奇萊鼻、花蓮溪出海口、秀姑巒溪出海口。

其中以奇萊鼻及秀姑巒溪出海口塑膠微粒數量較高。在種類組成上，較特別的是軟塑膠比例明顯高於其他海域，占 35.1%，推測與海岸邊的花蓮環保公園有關。原本是垃圾掩埋場的環保公園由於風浪長期侵蝕，已有一大部份垃圾露出，現場可見許多原本埋在裡面的塑膠袋及瓶罐等各式垃圾裸露在外，長期以來可能是這附近海域海漂垃圾的來源之一。

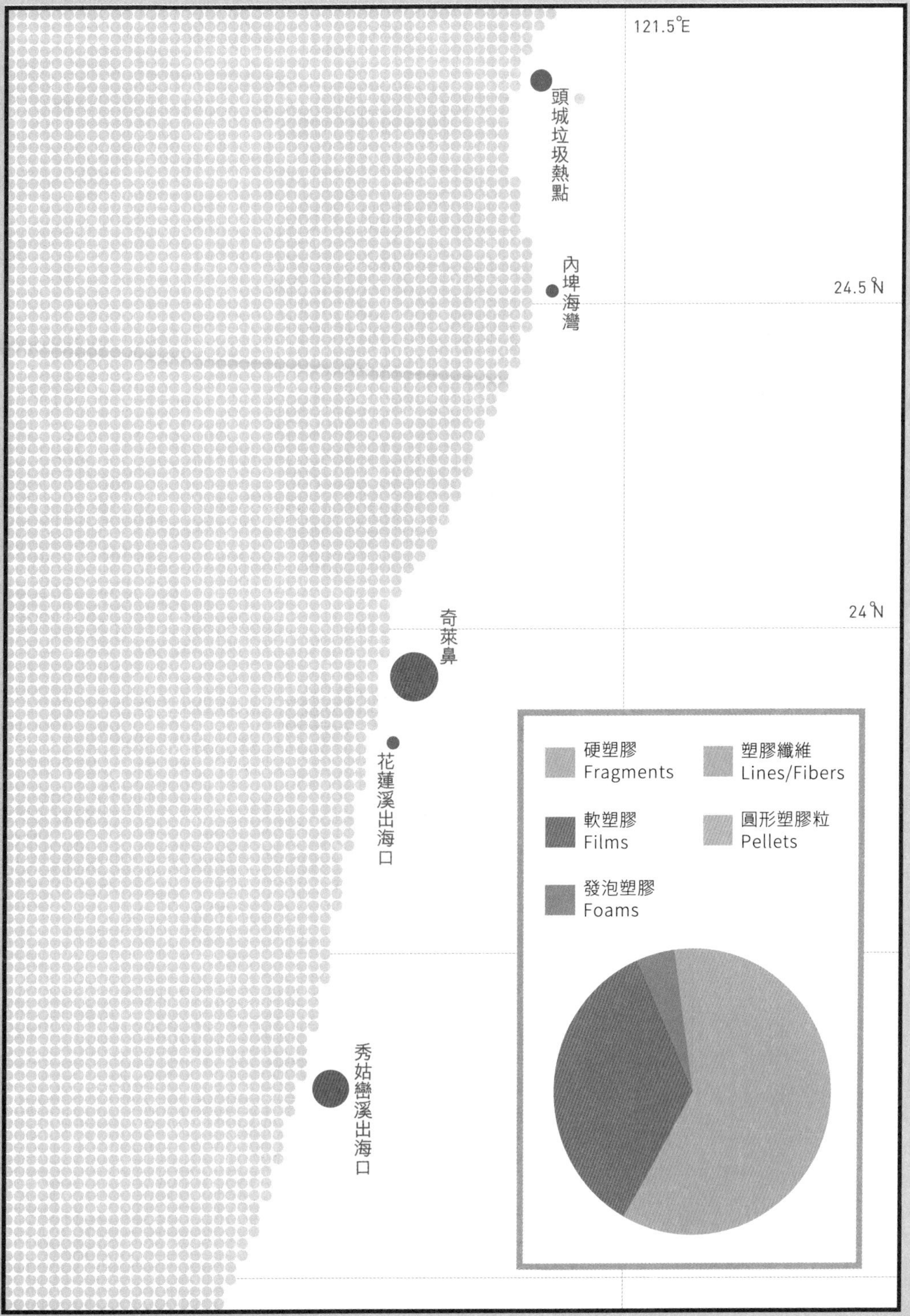
121.5°E
24.5°N
24°N
頭城垃圾熱點
內埤海灣
奇萊鼻
花蓮溪出海口
秀姑巒溪出海口
硬塑膠
Fragments
塑膠纖維
Lines/Fibers
軟塑膠
Films
圓形塑膠粒
Pellets
發泡塑膠
Foams

宜蘭縣 頭城垃圾熱點

- 5 硬塑膠 Fragments
- 10 軟塑膠 Films
- 3 發泡塑膠 Foams
- 5 塑膠纖維 Lines/Fibers
- 0 圓形塑膠粒 Pellets

宜蘭縣 內埤海灣

- 3 硬塑膠 Fragments
- 0 軟塑膠 Films
- 0 發泡塑膠 Foams
- 0 塑膠纖維 Lines/Fibers
- 0 圓形塑膠粒 Pellets

花蓮縣 奇萊鼻

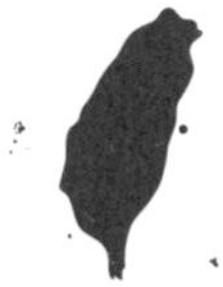

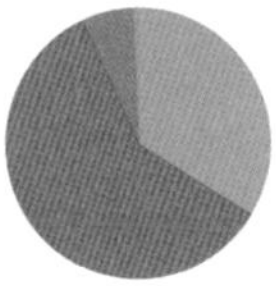

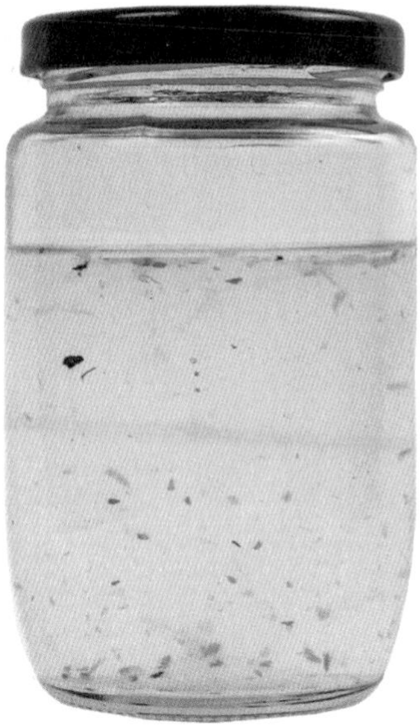

69	硬塑膠 Fragments
120	軟塑膠 Films
12	發泡塑膠 Foams
1	塑膠纖維 Lines/Fibers
0	圓形塑膠粒 Pellets

花蓮縣 花蓮溪出海口

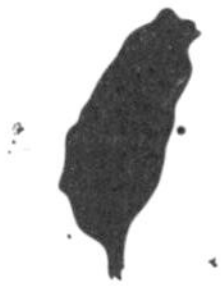

3	硬塑膠 Fragments
0	軟塑膠 Films
0	發泡塑膠 Foams
0	塑膠纖維 Lines/Fibers
0	圓形塑膠粒 Pellets

花蓮縣

秀姑巒溪出海口

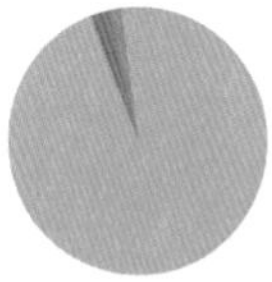

124 硬塑膠 Fragments

3 軟塑膠 Films

2 發泡塑膠 Foams

3 塑膠纖維 Lines/Fibers

0 圓形塑膠粒 Pellets

伍

東南部海域(含蘭嶼)

東南部海域共計 9 個測點，分別為：黑潮流域、臺東外海、杉原外海、基翬；及蘭嶼：朗島外海、東清外海、野銀外海、八代灣、椰油。

整體而言，本區塑膠微粒平均數量遠低於其他海域，其中數量最多的測點為臺東杉原外海與蘭嶼的椰油外海。9 個測點中塑膠微粒數量最多出現在杉原外海，且各種類分布平均。另想像中應該相對乾淨的蘭嶼，撈取到的塑膠微粒數量卻高於臺灣本島，主要組成為硬塑膠及發泡塑膠，集中在靠近開元港附近的椰油，由於位處交通密集區域，未來可再進一步探討是否與當地觀光活動頻繁有關。

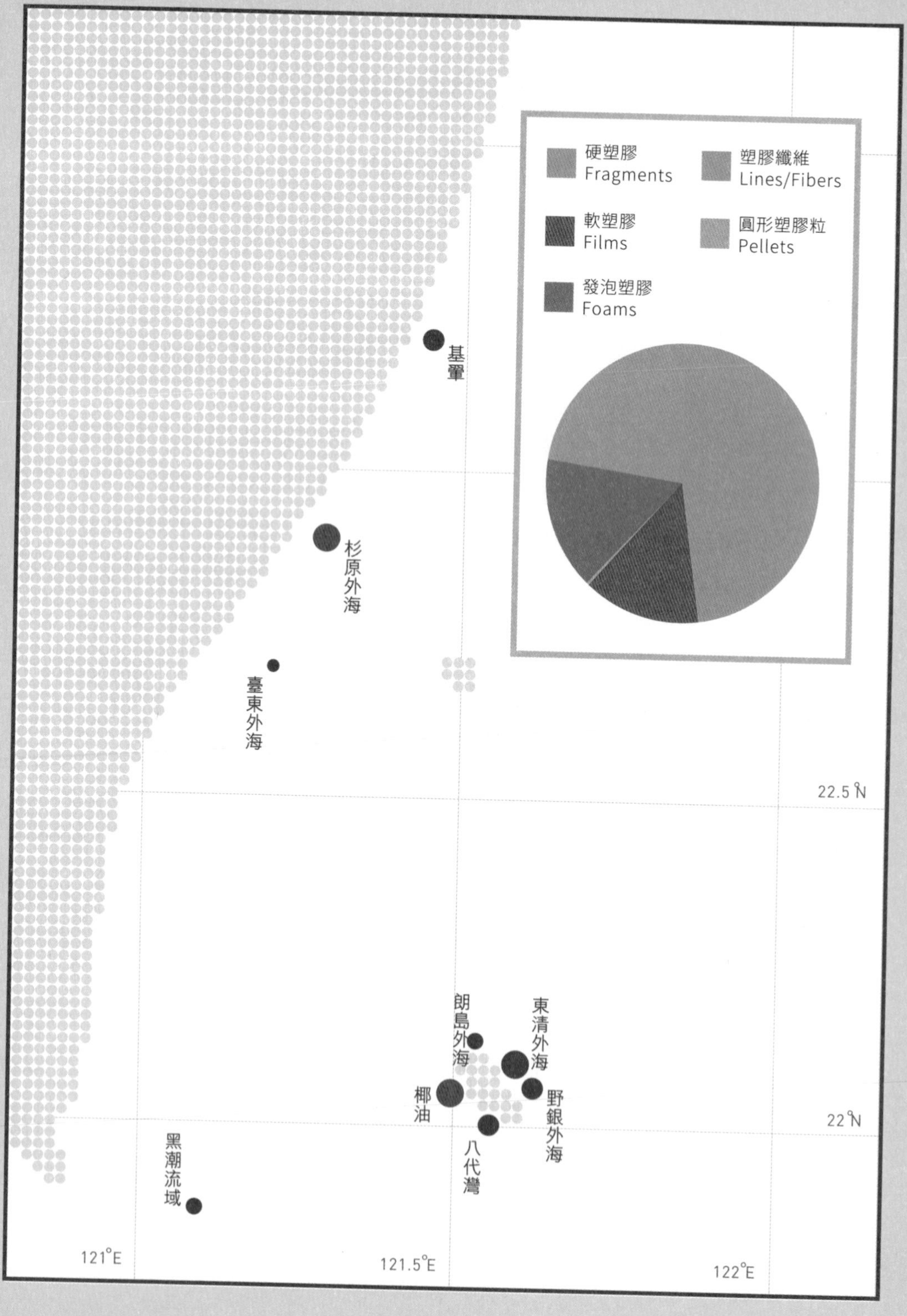
硬塑膠
Fragments
塑膠纖維
Lines/Fibers
軟塑膠
Films
圓形塑膠粒
Pellets
發泡塑膠
Foams
基韋
杉原外海
臺東外海
朗島外海
東清外海
椰油
野銀外海
八代灣
黑潮流域
22.5°N
22°N
121°E
121.5°E
122°E

屏東縣 黑潮流域

1 硬塑膠 Fragments
0 軟塑膠 Films
1 發泡塑膠 Foams
5 塑膠纖維 Lines/Fibers
0 圓形塑膠粒 Pellets

臺東縣 臺東外海

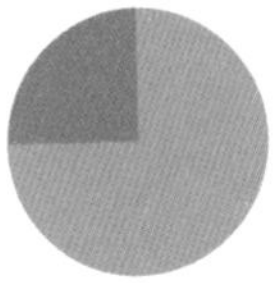

3 硬塑膠 Fragments
0 軟塑膠 Films
1 發泡塑膠 Foams
0 塑膠纖維 Lines/Fibers
0 圓形塑膠粒 Pellets

臺東縣 杉原外海

- 29 硬塑膠 Fragments
- 37 軟塑膠 Films
- 0 發泡塑膠 Foams
- 39 塑膠纖維 Lines/Fibers
- 0 圓形塑膠粒 Pellets

臺東縣 基翬

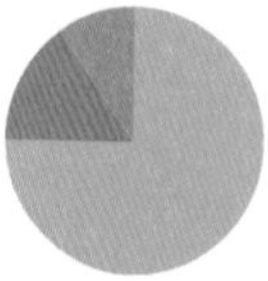

- 15 硬塑膠 Fragments
- 3 軟塑膠 Films
- 2 發泡塑膠 Foams
- 0 塑膠纖維 Lines/Fibers
- 0 圓形塑膠粒 Pellets

臺東縣 蘭嶼朗島外海

2 硬塑膠 Fragments

0 軟塑膠 Films

0 發泡塑膠 Foams

3 塑膠纖維 Lines/Fibers

0 圓形塑膠粒 Pellets

臺東縣 蘭嶼東清外海

43 硬塑膠 Fragments

0 軟塑膠 Films

2 發泡塑膠 Foams

4 塑膠纖維 Lines/Fibers

1 圓形塑膠粒 Pellets

臺東縣 蘭嶼野銀外海

10 硬塑膠 Fragments
5 軟塑膠 Films
0 發泡塑膠 Foams
3 塑膠纖維 Lines/Fibers
0 圓形塑膠粒 Pellets

臺東縣 蘭嶼八代灣

1 硬塑膠 Fragments
1 軟塑膠 Films
0 發泡塑膠 Foams
10 塑膠纖維 Lines/Fibers
0 圓形塑膠粒 Pellets

蘭嶼椰油

臺東縣

31 硬塑膠 Fragments

0 軟塑膠 Films

30 發泡塑膠 Foams

5 塑膠纖維 Lines/Fibers

0 圓形塑膠粒 Pellets

• 結論 •

檢測結果

根據 51 個檢測數據結果指出，此次採樣在每個測點都發現塑膠微粒。而全臺塑膠微粒密度最高的前三名分別為：八掌溪出海口、後勁溪出海口及和平島外海測點。

海洋塑膠微粒的汙染，在臺灣周遭海域已達普遍而嚴重的程度。面對整體海洋環境的惡化，不容我們遲疑等待，需要持續調查尋找解決方案。科學家發現，塑膠經過光的作用日益碎裂分解，成為極小微粒，不但漂浮於海面，也逐漸沉入深海，透過食物鏈的累積，勢必造成海洋生態系統生理、海洋使用功能和人體健康的莫大威脅。

環境問題是全人類應該共同面對的責任，從源頭減塑，購物自備容器、減少對一次性塑膠製品的依賴，不增加垃圾進入海洋的機會，或定期淨灘並以身作則影響身邊的親朋好友，都是我們身為地球上的一分子可以馬上付出的行動。

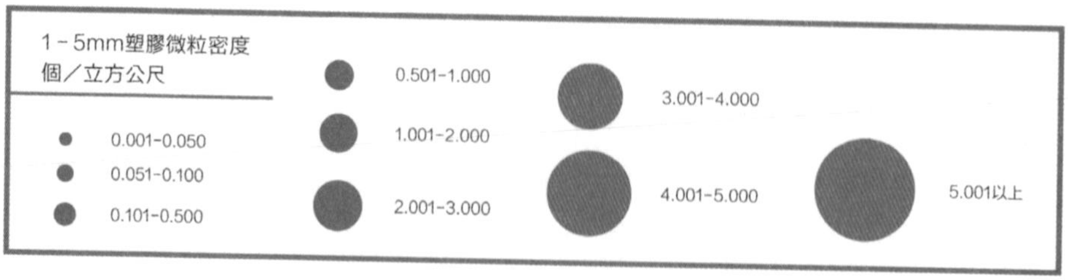

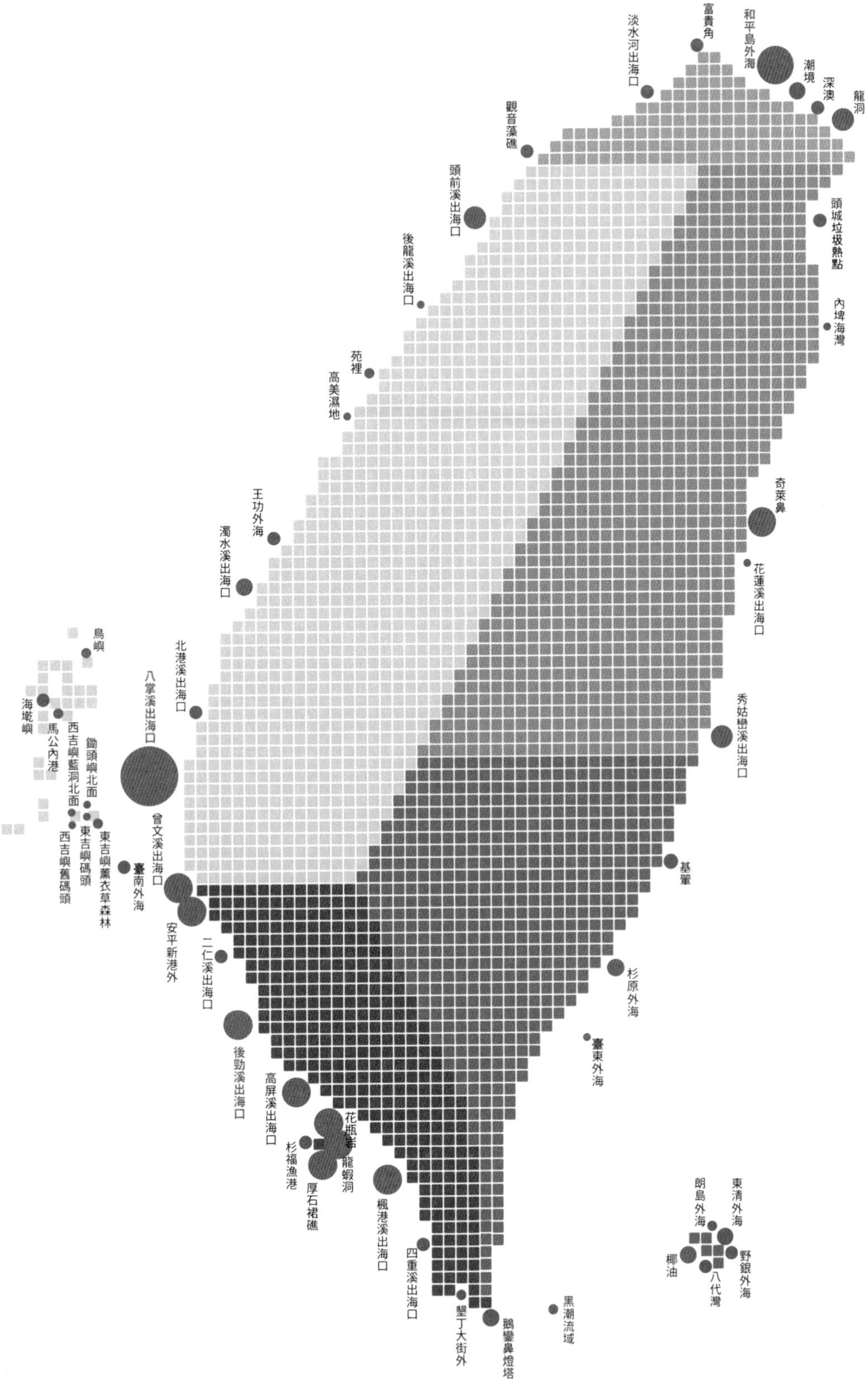
淡水河出海口
富貴角
和平島外海
潮境
深澳
龍洞
觀音藻礁
頭前溪出海口
頭城垃圾熱點
後龍溪出海口
內埤海灣
苑裡
高美濕地
奇萊鼻
王功外海
濁水溪出海口
花蓮溪出海口
烏嶼
北港溪出海口
八掌溪出海口
海墘嶼
馬公內港
西吉嶼藍洞北面
鋤頭嶼北面
秀姑巒溪出海口
曾文溪出海口
西吉嶼舊碼頭
東吉嶼碼頭
東吉嶼薰衣草森林
臺南外海
基翬
安平新港外
二仁溪出海口
杉原外海
後勁溪出海口
臺東外海
高屏溪出海口
花瓶岩
杉福漁港
龍蝦洞
厚石裙礁
楓港溪出海口
四重溪出海口
墾丁大街外
鵝鑾鼻燈塔
黑潮流域
朗島外海
東清外海
椰油
八代灣
野銀外海

致謝

計畫發起	財團法人黑潮海洋文教基金會
計畫總召	張卉君（洪亮）
計畫顧問	公視《我們的島》于立平、王玉萍、吳明益、柯金源、張泰迪、曾乾瑜、黃向文、葉青華、廖鴻基
專業諮詢	余欣怡、孟培傑、林子皓、邱靖淳、邵廣昭、胡介申、翁進坪、郭芙、陳人平、陳文德、曾虹文、廖君珮、廖敏惠、顏寧
執行團隊	林東良、林泓旭、李怡萱、黃世潔、歐陽夢芝、盧怡安
研究團隊	余欣怡、林思瑩、邱靖淳、陳冠榮、陳彥翎、温珮珍、廖君珮
研究設備支援	中央水產研究所 赤松友成 行政院農業委員會水產試驗所東部海洋生物研究中心 江偉全 東華大學海洋生物研究所 孟培傑、海洋大學環境生物與漁業科學學系 藍國瑋 荒野保護協會 胡介申、臺灣大學生態學與演化生物學研究所 周蓮香、余欣怡
啟航祭儀	江清溪、林振利、連竟堯、鄭佩馨
船長	江文龍
航管	陳惠芳
醫務	甘秋素（阿甘）、徐子恒
全方位攝影	金磊、陳玟樺（Zola）
隨船藝術家	作家 吳明益、畫家 王傑、舞者 InTW 謝筱婷、謝筱瑋
影像專題記錄	公視《我們的島——航向藍色國土的槳》陳慶鍾、《如果海有明天》簡毓群

影像剪輯	《「島航」宣傳短片》歐奇影像工作室 張信儒 《58797km² ——「黑潮」20 週年特展影片》大鳴大放影像工作室 歐梓毅
主視覺設計	陳文德
樣品拍攝	大樹影像 林靜怡
展示設計	張廖淳心
海好有你們	尤勝助、王作璿、王依萍、王姿又、王陳瑩、王義智、田日蒸、江志緯＆黃玉庭、江思德、江偉全、何孟潔、何總安、余蘭君、吳宜之、巫佳容、李志芬、李妮蔚、李夏苹、李根政、李軒、李德茂、呂允中、周家宇、周庭任、周慶龍夫婦、林于凱、林昱良、林柏辰、林瑞怡、林清盛、林雋硯、林穎瑋、邱煌升、金小島、金烏米、阿鑫姆、侯大中、俞玉珊、凃炳旭、恒馨家、施月英、柯乃文、洪璿育、范益凰、夏尊湯、徐如辰、徐海秐、徐啟峻、徐繹喆、晁瑞光、高若馨、康小姐、張佳蓉、張家盈、張德權、張慧娟、船長陳盡川、船長歐丁田、莫皓淇、許光輔、許寬容、郭兆偉、郭秀素、郭柏秀、郭國雄、陳弘偉、陳佳鳳、陳旻昱（玉米辰）、陳俊堯、陳彥辰、陳思妤、陳盈州、陳盈貝、陳約羽、陳雅芬、陳雅晶、陳意如、陳瑞昌、陳瑞揚、陳駿宏、陳麗淑、曾永平、曾芷玲、曾俊源、游文馨、游睿為、黃文儀、黃向文、黃佳琳、黃美娟、黃郁翔、黃湄琇、黃菁瑩、黃曉瑄、楊明哲、楊瑞芬、葉孟娟、葉玿伶、葉純甄、詹佳和、賈詠婷、趙可登、廖大慶、劉東岳、潘忠政、潘致遠夫婦、蔡中岳、蔡南益、蔡登財、蔡蕙年、蔡馥嚀、鄭安宏、鄭佩齡、鄭淑菁、賴光清、賴威任、賴淑慧、謝宜蓉、鍾萍佳、簡士傑、簡子倫、譚凱聰 上好佳炒粄條、大鼎五金咖啡、小島停琉陳芃諭、水舍水下攝影器材陳軍豪、全心藥局、行政院環境保護署、地球公民基金會、老爺行旅酒店、自備客 Roll'eat 西班牙食物袋、林務局花蓮林區管理處、松園別館、南青潛水、洄瀾風生態有限公司執行長吳昌鴻及全體員工、島人海洋文化工作室蘇淮、晉領號、海洋委員會海洋保育署、國立海洋科技博物館、國立臺灣海洋大學、崩岩館林彥均、常美冰店、統全釣具店施文強、黑鯨咖啡館、意滿漁、愛海的旅行翁珍聖、新屋市場水果行、誠品書店、潛水貓的店、潛莊潛水渡假中心、衛生福利部東區緊急醫療應變中心、龍璟潛水度假中心、優美號張船長、藍流手作、蘇帆海洋文化藝術基金會不老水手
特別感謝	和碩聯合科技股份有限公司 童子賢先生、多羅滿賞鯨公司董事長 林振利及全體工作夥伴
「2019島航普拉斯」贊助	參樂智會、崇友文教基金會、全興資源再生股份有限公司

感謝所有支持「黑潮」、關心海洋的人們。

Change 10

黑潮島航

一群海人的藍色曠野巡禮

BEYOND THE BLUE: KUROSHIO'S VOYAGE

作者 吳明益、張卉君、陳冠榮 | 策劃 黑潮海洋文教基金會 | 攝影 金磊、陳玟樺、陳冠榮、林東良、林泓旭、張卉君、晁瑞光 | 插畫 王傑、楊瑞菁 | 美術設計 陳文德 | 校對 SHUYUAN CHIEN | 主編 CHIENWEI WANG | 總編輯 湯皓全 | 出版者 英屬蓋曼群島商網路與書股份有限公司臺灣分公司 | 發行 大塊文化出版股份有限公司 | 10550臺北市南京東路四段25號11樓 | www.locuspublishing.com | 讀者服務專線 0800-006689 | TEL (02) 87123898 FAX (02) 87123897 | 郵撥帳號 18955675 | 戶名 大塊文化出版股份有限公司 | E-MAIL locus@locuspublishing.com | 法律顧問 董安丹律師、顧慕堯律師 | 總經銷 大和書報圖書股份有限公司 | 地址 新北市新莊區五工五路2號 | TEL (02) 89902588（代表號） FAX (02) 22901658 | 製版 瑞豐實業股份有限公司 | 初版一刷 2019年9月

定價 新台幣560元

ISBN 978-986-5406-02-8

攝影 CREDIT

林東良 p.16, 18, 35(下), 44(上), 50(中下), 51(上中), 71(下), 74(下), 75(上), 88(下), 104-105, 108-109, 120(上), 126(上), 128-129,, 150, 162(下), 170(下), 171(下), 177(中), 186(上), 270(上), 272(下), 273

陳玟樺 p.26-27, 34, 35(上), 38, 40-41, 50(上), 51(下), 60(上), 70(下), 71(上), 74(上), 80-81, 88(上), 90-91, 94(下), 95, 96, 97, 111(上), 114(下), 121, 122-123, 126(下), 132-133, 136, 154-155, 170(中), 180-181, 188-189, 192(下), 196(下), 206(下), 220(右上/左上中下), 221(右中下/左下), 232(中下), 236, 240-241, 244-245, 266-267, 276-277, 280-281, 290(下), 291(下), 292(上), 340-341

陳冠榮 p.28-29, 30-31, 54-55, 60(下), 70(上), 84-85, 94(上中), 101, 111(下), 114(上), 116, 120(下), 138-139, 142(上), 143, 162(上), 170(上), 171(上中), 177(下), 200, 206(上), 210-211, 214-215, 220(右中/右下), 221(左上中), 232(上), 233, 248-249, 257, 262-263, 270(中下), 272(上), 275, 284, 286-287, 291(上)

金磊 p.44(下), 75(下), 142(下), 146-147, 294-295, 302(上), 310-311

張卉君 p.64-65, 68-69, 174-175, 177(上), 186(下), 192(上), 221(右上), 298-299, 302(下), 328(下), 329, 332(上), 333(上)

晁瑞光 p.158-159, 164-165

林泓旭 p.196(上), 202-203, 226-227, 290(上), 292(下), 304-305, 314-315, 318-319, 321, 328(上), 332(下), 333(下), 335

國家圖書館預行編目資料

黑潮島航：一群海人的藍色曠野巡禮 / 吳明益、張卉君等著. -- 初版. -- 臺北市：網路與書出版：大塊文化,發行
2019.09 396面；17×22公分. -- (Change；10)
ISBN 978-986-5406-02-8 (平裝)

1.海洋探測 2.臺灣

351.9 108012706